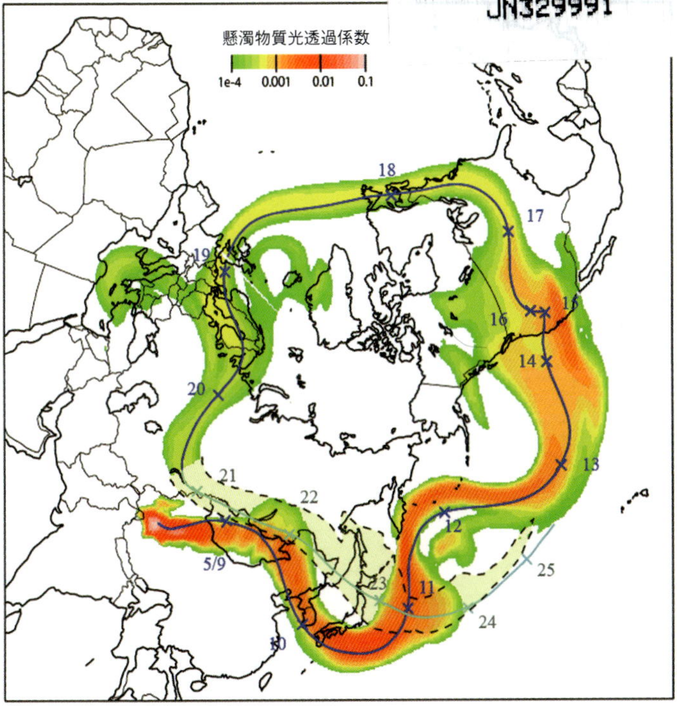

口絵 1-1 世界を 1 周した黄砂（Uno et al., 2009）。2007 年 5 月 8〜9 日にタクラマカン砂漠で発生したダストが世界を 1 周する様子。HYSPLIT 流跡線解析（実線）によるダストの毎日の位置を数値で，そこでの濃度を全球エアロゾル輸送モデル結果のカラーで示す。ダストの軌跡は 13 日後の 5 月 21 日に出発地点の北に戻っている。2 周目の軌跡は点線で示すが，5 月 23 日にかけて日本上空を越えて対流圏下部に降下している。

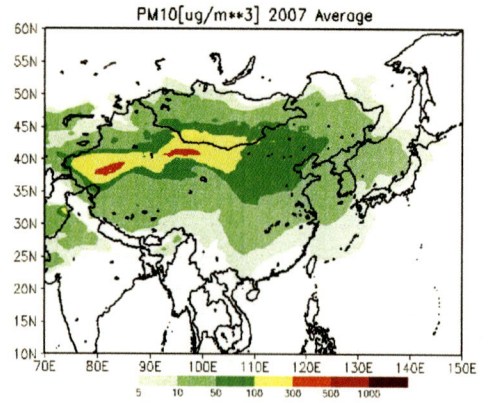

口絵 1-2
2007年の年間平均の平均地表面PM10濃度分布の計算値
(Park et al., 2009)

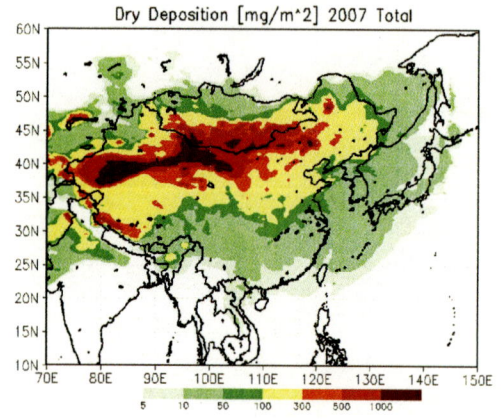

口絵 1-3
2007年の年間平均の乾式黄砂沈降量分布の計算値
(Park et al., 2009)

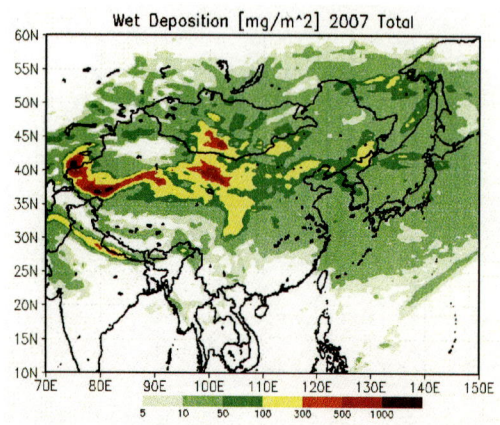

口絵 1-4
2007年の年間平均の湿式黄砂沈降量分布の計算値
(Park et al., 2009)

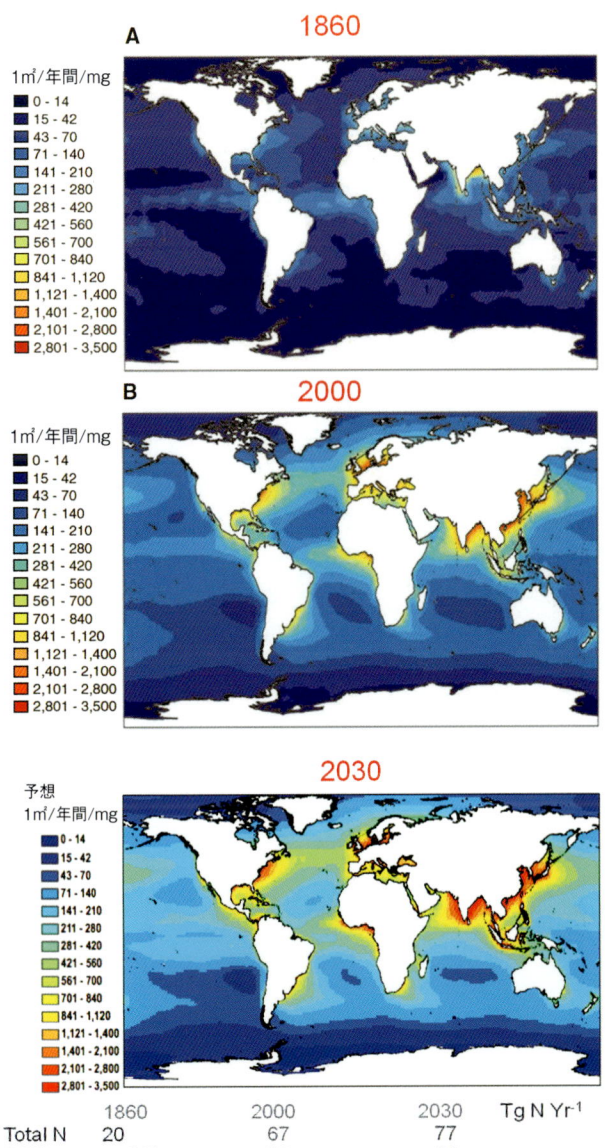

口絵 1-5 世界における窒素排出量の 1860〜2030 年の経年変動（Duce, 2008）

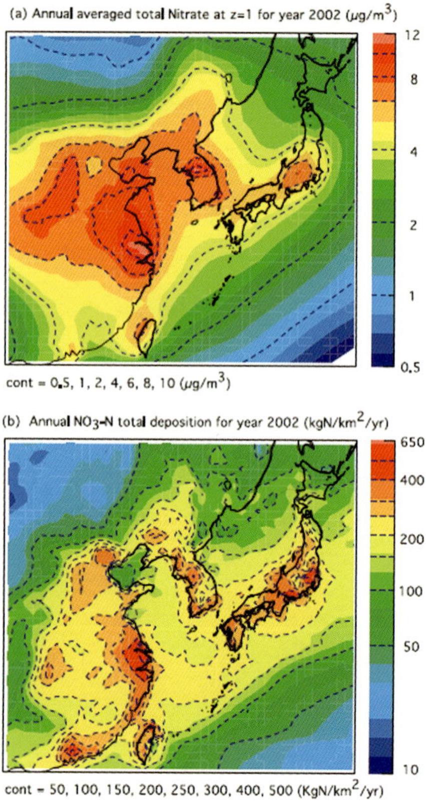

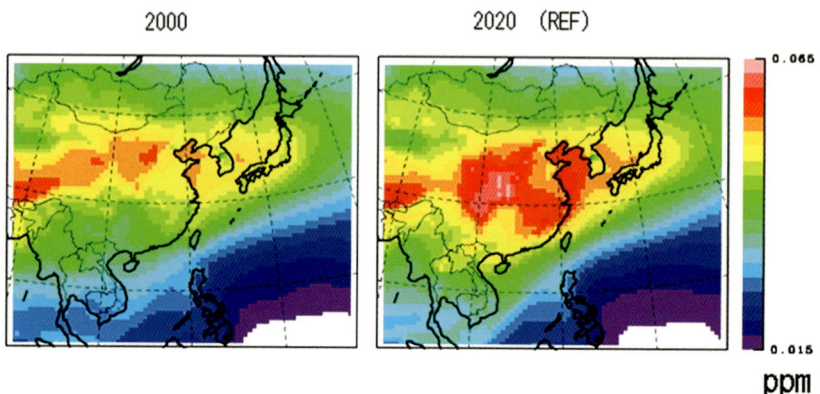

口絵 1-6
2002年の地面・海面付近の全窒素（HNO_3 + NO_3）濃度分布(a)と降下量分布(b)
(Uno et al., 2007)

口絵 1-7　2000・2020年の年間平均オゾン濃度（九州大学応用力学研究所・鵜野伊津志教授提供）

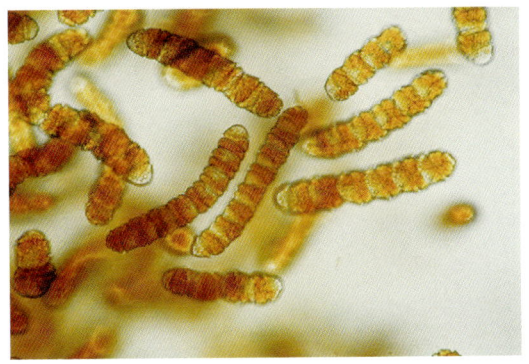

口絵 2-1 2002 年韓国・釜山でのコクロディニウム赤潮
（長崎大学・松岡數充教授撮影）

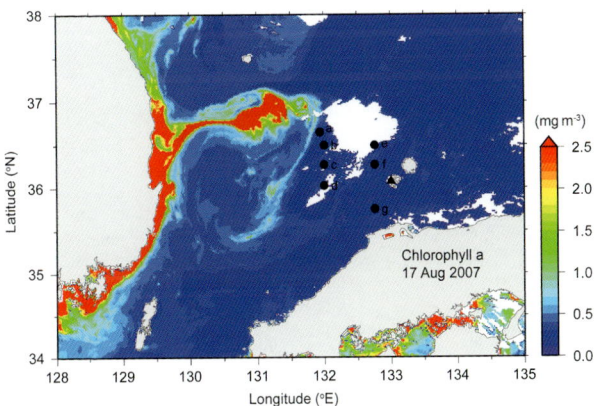

口絵 2-2 MODIS による 2007 年 8 月 17 日の海面クロロフィル a 濃度分布。白い部分は雲（Onitsuka et al., 2009b）

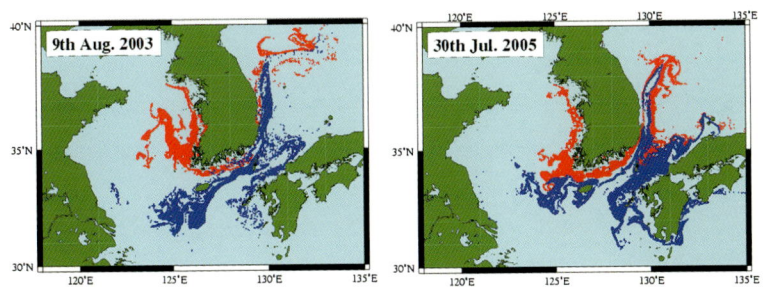

口絵 2-3 計算機により再現された 2003 年 8 月 9 日と 2005 年 7 月 30 日のエチゼンクラゲの分布。青は長江起源のクラゲ，赤は韓国群山沖起源のクラゲを示す。

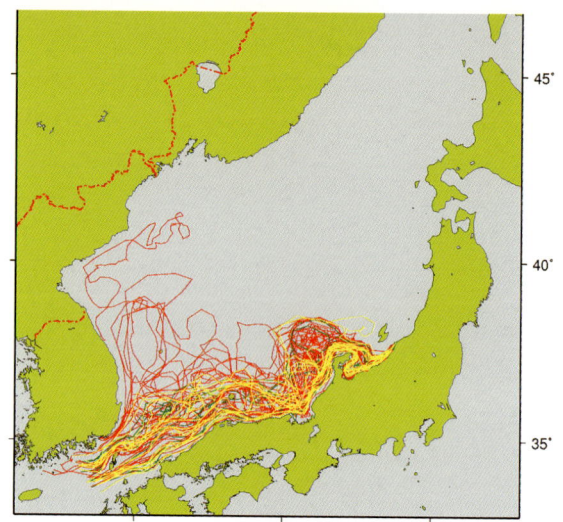

口絵 2-4 2004年6月〜2004年8月に新潟海岸に漂着した海ごみの起源推定計算結果。赤は韓国起源,黄は中国・台湾起源,緑は日本起源ごみを示す (Yoon et al., 2009)。

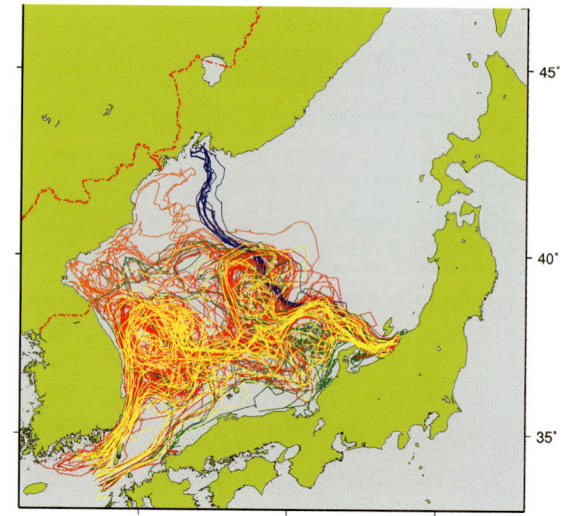

口絵 2-5 2004年12月〜2005年2月に新潟海岸に漂着した海ごみの起源推定計算結果。赤は韓国起源,黄は中国・台湾起源,青はロシア起源,緑は日本起源ごみを示す (Yoon et al., 2009)。

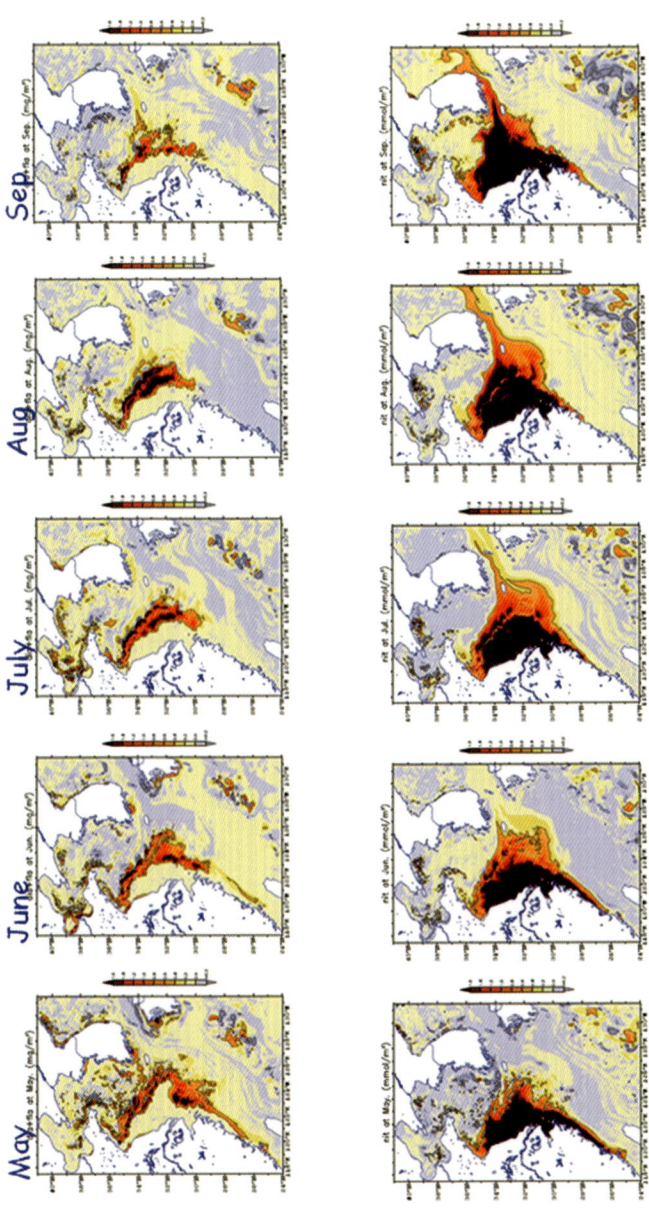

口絵 2-6 長江からの DIN 負荷量を 50 ％増加させた場合の表層クロロフィル a（上），DIN（下）分布（Zhao and Guo, 2009）

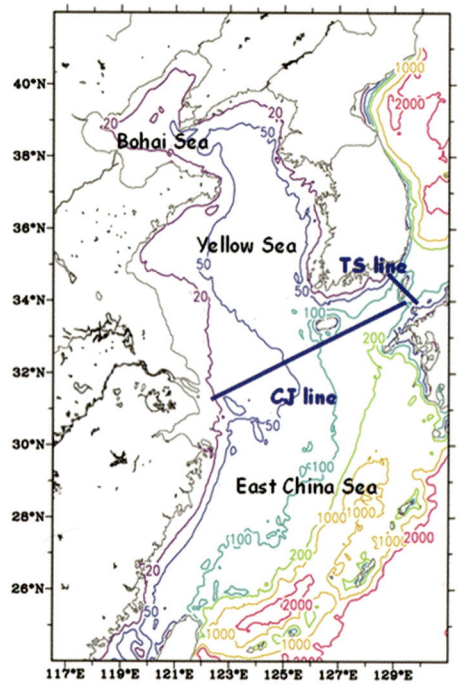

口絵 2-7　CJ line

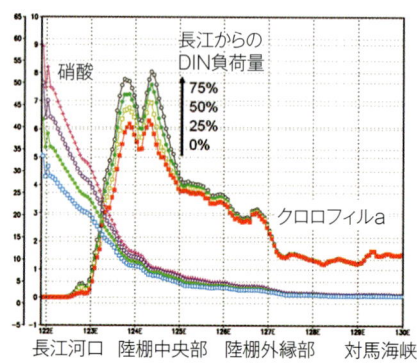

口絵 2-8　長江からの DIN 負荷量変化に対する東シナ海の CJ line に沿った DIN, クロロフィル a 濃度分布変化（Zhao and Guo, 2009）

東アジア地域連携シリーズ

東アジアの越境環境問題

環境共同体の形成をめざして

柳　哲雄・植田和弘 [著]

3 | East Asia
　　Regional
　　Integration
　　Series

九州大学出版会

まえがき

　島国である日本における環境問題には，かつて2種類のものがあった。

　ひとつは，ある点から排出された物質（粉塵や栄養塩など）が排出点近傍の環境を悪化させる地域環境問題と呼ばれるもので，大気汚染による喘息や海域の富栄養化による赤潮発生のための養殖魚の斃死といったような環境問題である。このような地域環境問題は，原因となる汚染物質（粉塵や栄養塩など）の総量規制のような地域の対策で問題を解決することが可能である。

　今ひとつは，ある点から排出された物質（フロンや二酸化炭素など）がオゾン層を破壊して紫外線の地表への到達度を増やして皮膚ガンを起こしたり，大気中の温室効果ガス濃度を増加させ地球温暖化を引き起こしたりして，地球全体の環境を悪化させる，地球環境問題と呼ばれるものである。地球環境問題を解決するためには，ある地域だけ，あるいはある国だけで対策を行っても無駄で，モントリオール議定書や京都議定書のような世界全体の枠組みの中で問題解決に取り組む必要がある。

　ところが，人口増加や，経済的な人間活動スケールの増大により，近年，島国である日本でも越境環境問題と呼ばれる，国境を越えて影響を与える環境問題が，新たに顕在化してきた。

　主に中国から飛来する窒素酸化物による北部九州の光化学スモッグや東シナ海から漂流してくる大量のエチゼンクラゲによる日本海の定置網での漁業被害などが，近年の代表的な越境環境問題としてあげられる。

　本書は，このような日本にとって新たな環境問題である，東アジアにおける越境環境問題の実態を，大気と海洋に分けて，まず紹介する。そ

の後，越境環境問題を解決するために自然科学者・社会科学者の果たすべき役割を述べ，環境経済学をもとにした越境環境問題解決に向けた新たな提案を行う。

なお本書は 2009 年 10 月 20 日㈫に福岡市天神のアクロス福岡で行われた九州大学アジア総合政策センター・応用力学研究所・東アジア研究機構の主催による国際ワークショップでの発表（表0-1）をまとめたものである。

表0-1 東アジアにおける越境環境問題ワークショップ

International Workshop "Trans-boundary Environmental Problems in the East Asia"

Kyushu University Asia Center
Research Institute for Applied Mechanics, Kyushu University
The Research Institute for East Asia Environments, Kyushu University

"Acros Fukuoka" at Tenjin, Fukuoka, Japan

8:50-15:30　20 October (Tue.) 2009

Chair : Prof. Takeshi Matsuno (Kyushu University, Japan)
8:50-9:00　Prof. Tetsuo Yanagi (Kyushu University, Japan) "Introduction of the workshop on Trans-boundary Environmental Problems in the East Asia"
　　　　東アジアの越境環境問題に関するワークショップ序論
9:00-9:20　Prof. Huiwang Gao (China Ocean University, China) "Asian-dust transport in the air into the Yellow Sea"
　　　　黄海への黄砂輸送
9:20-9:40　Prof. Soon-Ung Park (Soul National University, Korea) "Estimates of Asian dust deposition over the Asian region by using ADAM2 in 2007"
　　　　2007年のアジアへの黄砂沈着の数値計算結果
9:40-10:00　Prof. Mitsuo Uematsu (Univeristy of Tokyo, Japan) "Material

transport in the marine atmosphere over the East China Sea"
東シナ海への大気からの物質輸送
10:00-10:20 Dr. Guo Xinyu (Ehime University, Japan) "Transport of atmospheric Persistent Organic Pollutants (POPs) in the East China Sea"
東シナ海における大気起源人工有機物の輸送

10:20-10:40 Coffee break

Chair : Prof. Jong-Hwan Yoon (Kyushu University, Japan)
10:40-11:00 Dr. Liang Zhao (China Ocean University, China) "The influence of the Changjiang on the low-trophic ecosystem in the East China Sea"
東シナ海の低次生態系に対する長江の影響
11:00-11:20 Dr. In-Seong Han (Institute for Fisheries Oceanography, Korea) "Behavior of low salinity water mass from Northern East China Sea to Korea/Tsushima Strait"
北部東シナ海の低塩分水の対馬海峡への影響
11:20-11:40 Prof. Atsuhiko Isobe (Ehime University, Japan) "East China Sea marine-litter prediction experiment conducted by citizens and researchers"
市民と科学者による東シナ海の海ごみ予測調査
11:40-12:00 Prof. Jong-Hwan Yoon (Kyushu University, Japan) "Modeling of marine litter drift and beaching in the Japan Sea"
日本海における海ごみ漂流モデル
12:00-12:20 Dr. Yujun Li (Research Center of Urban Development and Environment, Chinese Academy of Social Sciences, China) "Opportunities and challenges of China environmental protection industry"
中国の環境保護産業の挑戦
12:20-12:40 Prof. Il-Chun Kim (Dongguk University, Korea) "An economic analysis of trans-boundary pollution issues in Northeast Asia"
北東アジアの越境環境汚染の経済分析
12:40-13:00 Prof. Kazuhiro Ueta (Kyoto University, Japan) "Regional cooperative approach solving trans-boundary pollution

problems"
越境環境問題を解決する地域の試み

13:00-14:00　Lunch

Chair: Prof. Atsuhiko Isobe (Ehime University, Japan)
14:00-14:20　Prof. Zhongzhe Zhang (Dalian Fisheries University, China) "Activities of Dalian Fisheries University"
大連水産学院の活動概要
14:20-14:40　Dr. Choel-Ho Kim (KORDI, Korea) "Introduction of KORDI Research Activities for the East China Sea"
韓国海洋開発研究所の研究活動概要
14:40-15:00　Prof. Takeshi Matsuno (RIAM, Kyushu University, Japan) "Activities of PEACE (Program of the East Asian Cooperative Experiment)"
PEACEの活動概要

14:40-15:00　Coffee break

Chair: Prof. Tetsuo Yanagi (Kyushu University, Japan)
15:20-16:00　General discussion
総合討論

2010年3月

柳　哲雄

目　次

まえがき …………………………………………… 柳　哲雄　i

第1章　大気中の越境環境問題 ……………………… 柳　哲雄　1
 1. 黄　　砂　*1*
 2. 窒素酸化物　*8*
 3. 光化学スモッグ　*9*
 4. POPs（残留性有機汚染物質）　*11*
 5. 酸 性 雨　*16*

第2章　海洋中の越境環境問題 ……………………… 柳　哲雄　17
 1. 赤　　潮　*17*
 2. エチゼンクラゲ　*19*
 3. 海 ご み　*22*
 4. 緑　　潮　*30*

第3章　自然科学者の役割 …………………………… 柳　哲雄　33

第4章　環境資源コモンズ管理の環境経済学 ‥ 植田和弘　37
 1. はじめに　*37*
 2. 東アジアの越境環境問題　*38*
 　　—— 環境資源コモンズ再生の課題 ——

3. 環境資源コモンズの管理問題 ── 費用負担を中心に ──　　47
4. 東アジアの越境環境問題への示唆　59
　　── おわりに代えて ──

あとがき……………………………………………… 柳　哲雄　61

参考文献………………………………………………………… 63

第 1 章

大気中の越境環境問題

柳　哲雄

1. 黄　砂

　黄砂とは，東アジア内陸部のタクラマカン砂漠・ゴビ砂漠・黄土高原などの砂塵が秒速5m以上の強風により上空7〜8kmまで巻き上げられ，秒速100mにも達する強い偏西風により，韓国や日本など東方に飛来して，砂塵が地上に降下する現象を指す。また飛来する砂塵そのものも黄砂と呼ぶ。

　黄砂の中には，韓国・日本を越えてさらに東方に輸送され，アメリカ・ヨーロッパも越え，世界を1周するものもある。

　2007年5月8〜9日に巻き上げられた約80万トンの黄砂の中で約50万トンが高度8〜10kmまで上昇し，その中の約8万トン（巻き上げられた砂塵の約1割）が13日間かけて地球を1周して上空に残存していた（口絵1-1）。

　黄砂の発生総量は年間2〜3億トンと言われる。黄砂の発生は東アジア内陸部の砂漠が乾燥して，強風が吹く春季に多い。しかし，黄砂の発生量やその発生域は，強風の吹く場所や期間に依存して経年変動する（図1-1，1-2）。

　モンゴル西部と東部の黄砂発生頻度の経年変動（2000〜2009年）を図1-3に示す。2003年から2008年にかけて，モンゴル東部での発生頻度が西部での発生頻度より徐々に大きくなってきている。これは東アジア

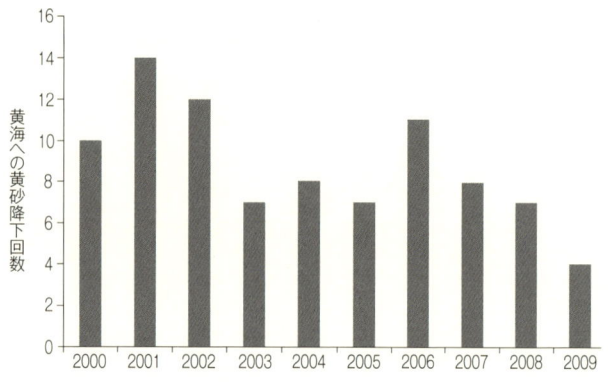

図 1-1 2000〜2009 年,黄海への黄砂降下回数の経年変動 (Gao et al., 2009)

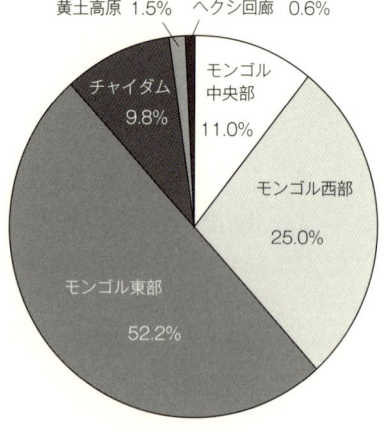

図 1-2 2000〜2009 年黄海に降下した黄砂の発生域の分布 (Gao et al., 2009)

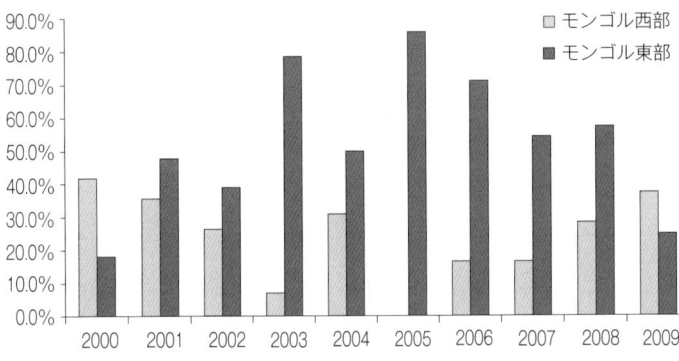

図1-3 モンゴル西部と東部の黄砂発生頻度の経年変動（Gao et al., 2009）

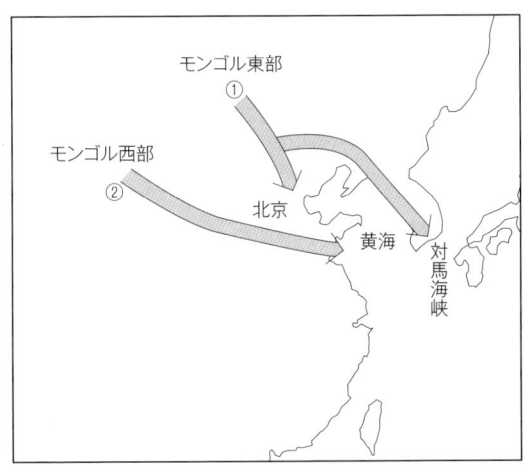

図1-4 黄砂の主な飛来ルート（Gao et al., 2009）

の大気循環が変化したため（Song et al., 2007）と，環境管理（砂漠化防止など）が主にモンゴル西部で進んだため（Qian et al., 2004）であると言われている。東アジア内陸部での砂漠化防止活動はある程度効果を発

表1-1 2001〜2007年春季の各都市のPM10濃度変動の相関係数
(Gao et al., 2009)

	アンミュン島	仁川	済州	長崎
煙　台	0.4043	0.1327	0.5337*	0.5808**
青　島	0.4502*	0.5300*	0.8170**	0.4595
南　東	0.4673*	0.4030	0.8469**	0.6858**
大　連	0.4762*	0.8050**	0.6619*	0.4802*

* 信頼限界95%, ** 信頼限界99%

揮していて，図1-1に示すように黄砂の発生件数は近年減少気味である。

　黄砂の主な飛来ルートには図1-4で示した2つのものがある（Gao et al., 2009）。モンゴル東部で発生した黄砂はハンシャンダケ砂漠・ホルキン砂漠を経て，さらに渤海・黄海を経て朝鮮半島に達する（ルート1）。このルートに沿った黄砂は頻繁に起こる。

　今ひとつはモンゴル西部で発生し，中国東部・東シナ海を経て日本に至るものである（ルート2）。

　この2つが黄砂の主な飛来ルートであることは，Zhang and Gao (2007) の研究結果とも一致している。

　黄海の東西に位置する中国の主要都市（南東・大連と煙台・青島）と仁川・済州（韓国），長崎（日本）の大気中のPM10（直径10 μm以下の粒子）濃度変動の相関（2001〜2007年）を表1-1に示す。黄砂飛来ルート1に沿っている大連・仁川の相関，ルート2に沿っている青島・済州の相関が高いことがわかる。

　このような黄砂輸送は数値モデルADAM2（Asian Dust Aerosol Model 2）でよく再現される。図1-5は2007年1年間の韓国チュンチェオンとカナクサンにおけるPM10濃度の観測値と計算値の比較だが，いくつかのイベントで多少の違いはあるものの，両者はよく一致している（Park et al., 2009）。

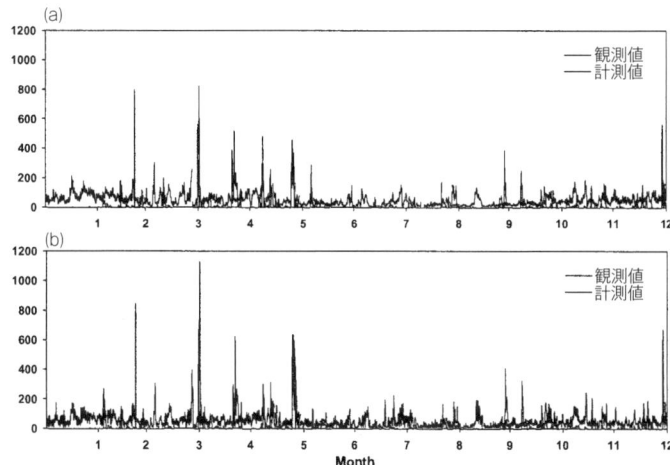

図1-5 2007年1年間の韓国チュンチェオン(a)とカナクサン(b)でのPM10濃度の観測値と計算値（Park et al., 2009）

ADAM2で計算された2007年1年間の地表面PM10濃度分布は口絵1-2に示してあるが，タクラマカン砂漠の北東部やモンゴル南部など黄砂の発生域と考えられている地域で高い濃度が見られる（Park et al., 2009）。

口絵1-3，1-4は2007年の年間平均の，乾式・湿式黄砂沈降量分布を表す。粒子として降下する乾式沈降量分布は図1-5の濃度分布とほぼ同様で，黄砂発生域に近いところで大きな沈降量が見られる。一方，降雨と共に降下する湿式沈降量は発生域などの乾燥地で小さく，乾式沈降量より広い範囲で，地面や海面に降下している（Park et al., 2009）。

北京で降下する黄砂の直径は4～20μmであるが，発生後3～4日して日本で降下する黄砂の直径は4μm程度である。日本での黄砂降下量は年間1～5トン/km^{2}と言われる。

黄砂は視界を悪くし，交通障害を発生させたり，自動車の窓ガラスや

表1-2 2002年3月12〜13日と4月23〜24日に発生した黄砂による韓国内の被害 (Park et al. 2009)

事　象	損　害	損　失　額
飛行中止	205回	20億ドル
半導体工場	停止が4倍増加	
空気フィルター交換	交換回数1.6倍増加	
デパート	売り上げ10％減少	
造船業	ペンキ塗り作業1.2％増加	
自動車会社	洗浄増加	23ドル／台
レジャー産業	20％売り上げ減少	
ガラス工業	欠陥品8倍増加	
自家用車洗浄		5ドル／台
せき		
総被害額		約200億ドル

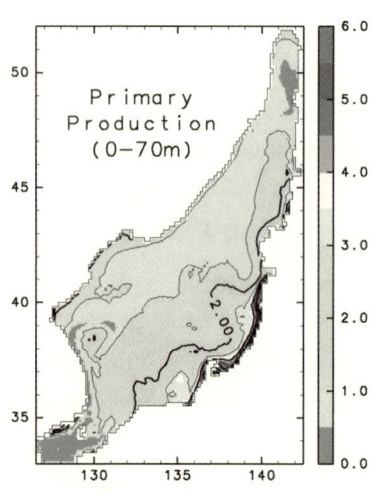

図1-6
黄砂などの大気起源窒素量を与えた場合と与えない場合の海洋基礎生産量の差（割合）。大きい数字（％）ほど黄砂などの大気起源窒素量の正の影響が大きいことを示す (Onitsuka et al., 2009a)。

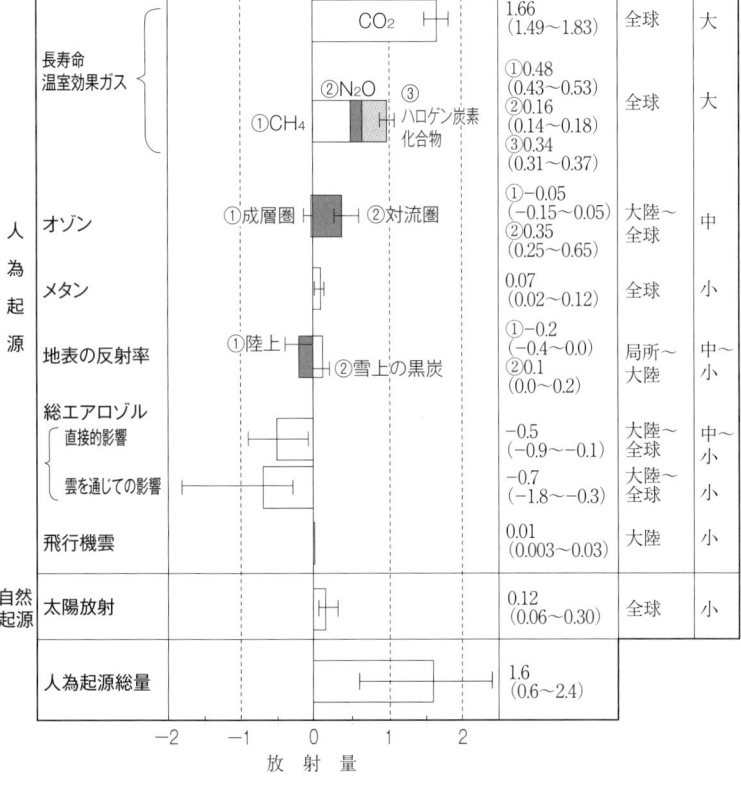

図 1-7 様々な物質の温室効果・反温室効果 (IPCC, 2007)

洗濯物を汚したり，ビニールハウスに積もってハウス内の植物に対して遮光障害を起こしたり，農作物の葉に積もって作物被害を与えたり，工場の空気フィルターの目詰まりを起こしたりする。また呼吸器障害，眼病など人間の健康にも被害を与えることがある（表 1-2）。

さらに，最近では黄砂に付着したバクテリアなどの生物が遠方に輸送

され,降下することで,遠隔地の生態系に影響を与える可能性に注目が集まっている。

また,黄砂に含まれる鉄分や黄砂に付着した窒素やリンは海洋に降下すると,栄養塩となって植物プランクトンの増殖をうながし,海洋の基礎生産を増加する(図1-6)。

黄砂は地球環境に悪影響を与えるだけではない。黄砂による大気中のエアロゾル濃度増加は太陽から地上に到達する日射量を減少させ,CO_2など温室効果ガスとは逆の効果を及ぼして,地球温暖化の速度を遅くする(図1-7)。

2. 窒素酸化物

中国の自動車や工場などから排出された窒素酸化物が,黄砂と同様,主に偏西風の影響により,韓国や日本に飛来する。

Duce (2008) によると,世界的には特に近年のアジアにおける窒素酸化物排出量増加が顕著である(口絵1-5)。

東シナ海海上での観測結果のまとめによると,東シナ海に1年間に降下する大気起源窒素量は 140×10^9 g で (Uematsu, 2009),CMAQ (Community Multi-scale Air Quality Model) で計算された窒素降下量分布は口絵1-6に示す通りである (Uno et al., 2007)。東シナ海における乾式・湿式窒素降下量の割合はおよそ4:6で,中国全土からの窒素排出量の約5%に相当する。

東アジア各国における SOx と NOx の国別,個人別排出量は図1-8に示す通りである (Uematsu, 2009)。国別では中国の硫化物排出量が突出しているが,個人当たりにすると,韓国と台湾の高い硫化物排出量,北朝鮮の高い窒素排出量が眼につく。

東シナ海へは長江からも大量の窒素が供給されている。長江河川流量と河川水中窒素濃度から推定される長江からの硝酸・アンモニア供給量

(a) 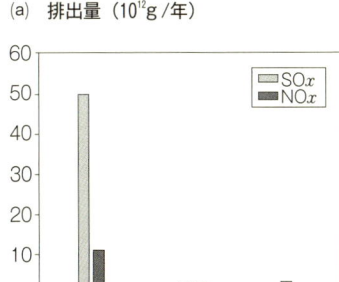 (b)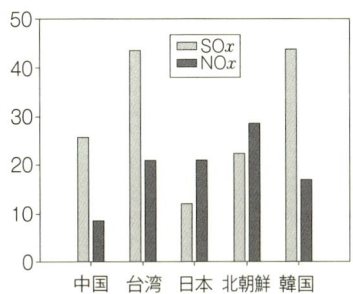

図 1-8　国別(a), 個人別(b)の NOx, SOx 排出量（Uematsu, 2009）

は，それぞれ，430×10^9g，190×10^9g である。このことは大気からの窒素降下量は長江からの窒素供給量の約 22％に相当することを意味している。それはまた，東シナ海の基礎生産に果たす大気降下窒素の役割もほぼその程度になることを示唆している。

さらに，例えば先述したように，日本海の新潟沖では大気から降下する窒素により海洋の基礎生産が，大気からの窒素降下がない場合と比較して約 5％増加している（図 1-6）。

現在東アジア・東南アジア各国の大気化学者は，EANET（Acid Deposition Monitoring Network in East Asia：東アジア酸性雨モニタリングネットワーク）という組織を立ち上げ，協力して大気中の NOx，SOx の濃度観測と酸性雨対策研究を行いつつある。

3. 光化学スモッグ

工場の排煙や自動車の排気ガスに含まれる窒素酸化物や揮発性有機化合物が紫外線の影響で光化学反応を起こし，人体に有害な光化学オキシダント（オゾンやアルデヒド）エアロゾルを生成し，それらが空気中に

滞留してスモッグ状態になることを光化学スモッグと言う。生成されたオキシダントは人体に目や喉の痛みを引き起こす。

日本では大気汚染がひどかった 1970 年代に，各地で頻繁に光化学スモッグが発生し，光化学スモッグ発生注意報・警報が出されて，運動会などが中止になった。しかし，近年，工場や自動車の排煙・排気ガス対策が進み，日本で光化学スモッグが発生することはほとんどなくなった。

そのような状況下，2007 年 5 月に北部九州で突然光化学スモッグが発生し，北九州市は市内の各工場に操業自粛を依頼した。

九州大学応用力学研究所の鵜野伊津志教授らの研究グループによる計算結果によれば，北部九州の光化学スモッグの原因となった窒素酸化物の多くは中国から輸送されてきたものであると推定されている。このことは，いくら北部九州の各工場が操業自粛しても北部九州における光化学スモッグ発生防止には限界があることを示唆している。

そこで福岡県の麻生知事は 2007 年 6 月 18 日，早急に北部九州におけ

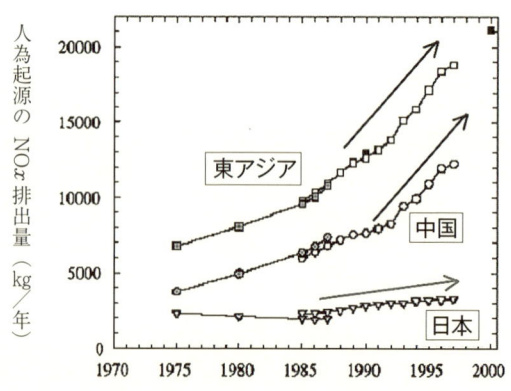

図 1-9　日本・中国・東アジアの人為的 NOx 排出量（海洋研究開発機構地球環境変動領域・秋元肇博士提供）。

る光化学スモッグ発生原因を科学的に究明し，中国政府と協議するよう日本政府に対して要請した。

図1-9に示すように中国・東アジアにおける窒素酸化物発生量は近年の工業開発や自動車台数増加により急増している。

図1-9の増加率をもとに，数値モデルを使って計算した東アジアの大気中のオゾン濃度分布を口絵1-7に示す。2000年と比較すると2020年には日本西部のオゾン濃度が高くなっている。2007年の北部九州の光化学スモッグは，このような状態が2020年を待たずに2007年に起こってしまったことを示唆している。

現在，日本・韓国・中国の科学者は協力して，東アジア各地でオゾン濃度の同時観測を行うと共に，共通の数値モデルを使って将来予測を行いつつある。

4. POPs（残留性有機汚染物質）

有機塩素系の殺虫剤・農薬であるDDT（Dichloro-Diphenyl-Trichloro-ethane）や，絶縁性の優れたPCB（PolyChlorinated Biphenyl）のようなPOPs（Persistent Organic Pollutants：残留性有機汚染物質）は自然界では分解されにくく，食物連鎖を通じて人間の体内に蓄積すると，発ガン性を発揮する。また，カネミ油症のような身体の機能障害を引き起こす。さらに，POPsは環境ホルモン（Endocrine disrupting chemicals：EDC＝外因性内分泌攪乱化学物質）の働きも示し，孵化しない卵や雌雄同体など，野生動物に様々な生殖異常を発生させる。

POPsは揮発性が高く，陸上での使用後大気中に蒸発して，大気中を輸送される。海水への溶解度も高いため，海水中に溶け込み，海洋中を輸送される。その結果，アザラシやイルカなどの海洋中の食物連鎖の高位にある野生動物に蓄積され，彼らの健康に深刻な被害を与える。

例えば，1988年4〜10月に北海で発生した1万8千頭にものぼるア

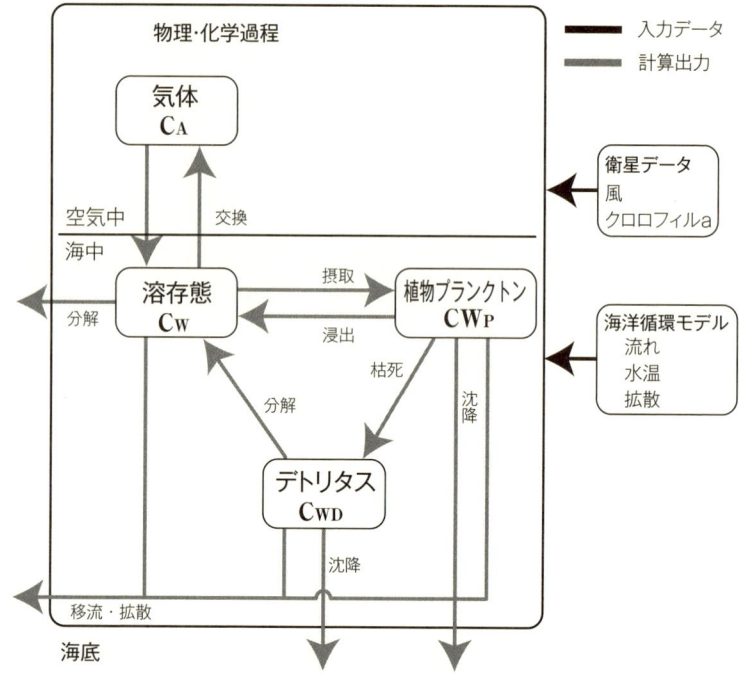

図1-10　POPsのモデル（Guo et al., 2009）

ザラシの大量死は，PCBなどの蓄積により免疫が低下したアザラシにウイルスが感染したためだと考えられている（田辺, 1998）。

DDTは日本では1971年に製造・使用が禁止されたが，中国やインドでは未だに製造されていて，発展途上国でのマラリア予防や農薬としての使用が継続している。また，PCBはトランスなどに多く使われていて，それらの放棄と劣化により大気中に拡散していく。

したがって，自然界のPOPsの正確な挙動を知るためには大気・海洋にまたがったPOPsの挙動を計算する必要がある。

Guo et al. (2009)は東シナ海において図1-10に示したようなPOPs

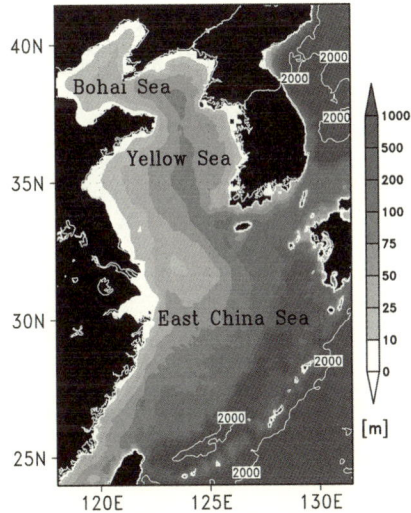

図 1-11 東シナ海の 3 次元流動・拡散モデル領域（Guo et al., 2009）

の存在形態を考え，海洋中でのその挙動を計算した。ガス状の POPs は海面―大気の拡散交換により海中に溶け込む。海中の POPs のある部分は植物プランクトンに取り込まれ，ある部分は光分解される。植物プランクトン態 POPs の一部はデトリタス（海洋中に漂う懸濁態粒子物）に変わり，沈降する。また一部は分解されて溶存態 POPs に回帰する。

この POPs モデルが図 1-11 に示した 3 次元東シナ海流動・拡散モデル（海上風，海流，水温，塩分分布の季節変動を再現している）に組み込まれ，東シナ海における POPs の一種である PCB153 の挙動が計算された。初期条件は海中の PCB153 濃度は全域で 0，大気中の PCB153 濃度は全域で 2.08 pgm^{-3} である。

冬季と夏季における計算結果を図 1-12, 1-13 に示す。興味深いのは溶存態（海水中に溶けこんだ状態）・懸濁態（海水中に溶けこんでいない状態）PCB153 のいずれも冬季の方が夏季より濃度が高いことであ

14

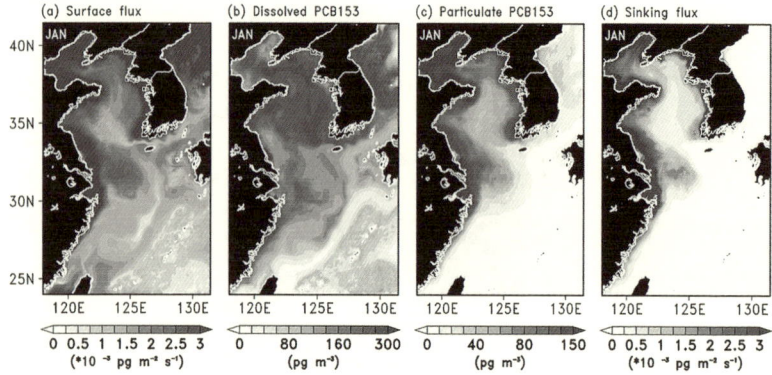

図1-12 冬季の大気から海洋へのPOPs量(a), 海洋中の溶存態POPs濃度(b), 懸濁態POPs濃度(c), POPs沈降量(d)（Guo et al., 2009）

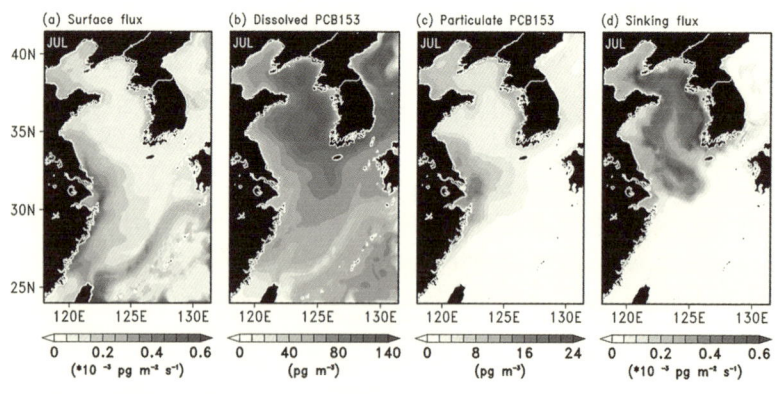

図1-13 夏季の大気から海洋へのPOPs量(a), 海洋中の溶存態POPs濃度(b), 懸濁態POPs濃度(c), POPs沈降量(d)（Guo et al., 2009）

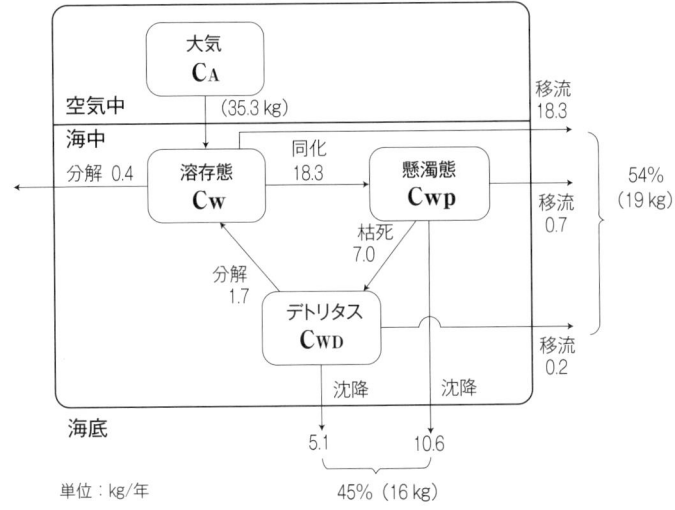

図 1-14 東シナ海における大気起源 POPs の収支（Guo et al., 2009）

る。これは海面を通じて大気から海洋へ輸送される PCB 量が冬季に大きくなり（水温が低くなるために，海水への気体の溶解度が高くなる），それが植物プランクトンに取り込まれるためである。

東シナ海における大気から流入した PCB153 の年間収支を図 1-14 に示す。大気から東シナ海に流入した PCB153 の 45％が海底に沈降・堆積していくことがわかる。

将来は，①大気中の POPs 濃度の時間・空間変動を考慮する，②河川からの懸濁物質流入を境界条件に取り込む，③外洋境界の POPs 濃度を観測値から確定する，④大気からの乾式・湿式沈着量を考慮する，などして計算精度を上げていかなければいけない。

5. 酸 性 雨

大気中のイオウ酸化物（SOx），窒素酸化物（NOx），塩化水素（HCl）が大気中の水や酸素と反応して，硫酸や硝酸や塩酸となり，強い酸性の雨（pHが5.6以下）となって地上に降ることを酸性雨という。

NOx，SOx，HClは工場や自動車のみならず，火山からも発生する。

日本の国立環境研究所の調査では日本で観測されるSOxのうち，49％が中国起源，21％が日本起源，13％が火山起源，12％が韓国起源とされている。

酸性雨が環境に与える影響としては，①湖沼水を酸性化して魚類の生育をおびやかす，②土壌を酸性化して，アルミニウム・カルシウムなど植物に必要な重金属をイオン化して流出させ，植物を枯死させる，③屋外にある銅像や歴史的建造物が酸により溶解する，④ビルや橋梁など鉄筋コンクリート構造物の鉄筋の腐食を進行させる，などであるが，多くの社会的な被害が生じる。

例えば，ドイツのシュバルツバルトでは酸性雨により森林破壊が生じた。ヨーロッパでは酸性雨のことを"緑のペスト"と呼んでいる。また中国では酸性雨のことを"空中鬼"と呼んでいる。

日本の森林被害としては，群馬県赤城山や神奈川県丹沢山地の森林立ち枯れが酸性雨の影響だと言われている。

酸性雨の問題に関しては，中国・韓国・日本共同で，すでに，EANETというモニタリングのネットワークが立ち上がっている。

第 2 章

海洋中の越境環境問題

柳　哲雄

1. 赤　潮

　2002年以降，コクロディニウム・ポリクリコイデスと呼ばれる，長さ30～40 μm，幅20～30 μm の渦鞭毛藻の植物プランクトン（口絵2-1）による赤潮（コクロディニウム赤潮）が島根・鳥取・隠岐など貧栄養な山陰海岸東部で発生し，養殖魚や自然の魚介類に被害を与えるという状況が継続している（図2-1）。

　コクロディニウム赤潮は大村湾など西部九州内湾でも発生しているが，遺伝子解析の結果は西部九州と韓国・山陰海岸東部のコクロディニウムは別種であることを示していて（Nagai et al., 2009），山陰海岸東部のコクロディニウム赤潮は韓国から輸送されてきた可能性が高い。

　Onitsuka et al. (2009b) は韓国南部海域でのコクロディニウム赤潮発生状況の観測データを初期条件として与え，粒子追跡法により，対馬海峡・日本海の流動をよく再現した3次元流動モデルを使って，韓国南岸で発生したコクロディニウム赤潮がどのように輸送されるかを計算した。大規模な赤潮ほど多量の粒子が初期条件として投入された。計算結果を図2-2に示す。

　山陰海岸東部でコクロディニウム赤潮が発生した2002，2003，2005，2007年は，韓国南岸で投入された粒子が2週間から1ヵ月かかって山陰海岸東部へ到達しているが，その最初の到達日は，実際の山陰海岸東部

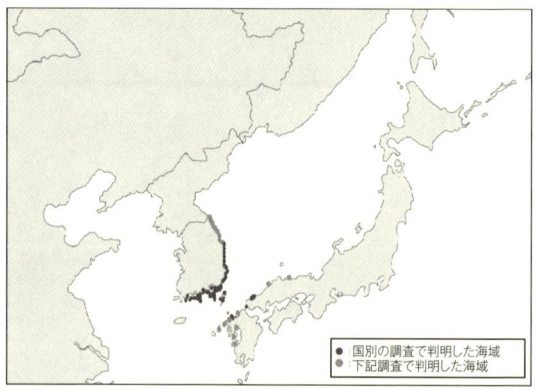

図2-1 コクロディニウム赤潮の発生海域と漁業被害発生海域（NOWPAP CEARAC, Integrated Report on Harmful Algal Blooms (HABs) for the NOWPAP Region, 2005）

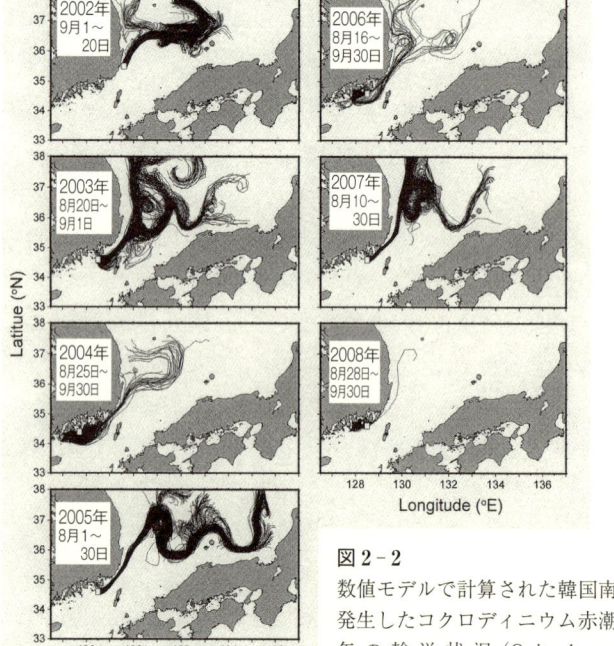

図2-2
数値モデルで計算された韓国南岸で発生したコクロディニウム赤潮の毎年の輸送状況（Onitsuka et al., 2009b）

でのコクロディニウム赤潮発生日とほぼ一致している。

さらに，口絵2-2に示した人工衛星画像によるクロロフィルa濃度分布は計算された粒子の軌跡とほぼ一致している。

一方，山陰海岸東部でコクロディニウム赤潮が発生しなかった2004,2006, 2008年は，図2-2によれば，計算された粒子は山陰海岸東部に接近していない。

この計算結果は山陰海岸東部のコクロディニウム赤潮が韓国南部海域から輸送されてきたものであることを強く示唆している。

現在，日本・韓国の研究者が協力して，コクロディニウム赤潮の発生・移動・防除機構に関する共同研究を行っている。

2. エチゼンクラゲ

2002年の夏季から秋季にかけて，日本海側の定置網に傘の直径が2mにも達するエチゼンクラゲが大量に入って，底曳網や定置網を破ったり，網に入った魚を死亡させたりして，日本海の漁業に多大な被害を与えた（図2-3）。

エチゼンクラゲは通常，東シナ海や黄海に生息していて，中華料理の高価な食材としても知られている。

エチゼンクラゲは，過去1920, 1958, 1995年と，約40年ごとに大発生して，夏季から秋季にかけて，日本海に漂流してくることが知られていた。ところが，2002年以降ほぼ毎年大発生し，日本海に大量のエチゼンクラゲが押し寄せ始めた。特に史上最大の発生規模とされる2005年には，日本海のみならず，瀬戸内海にもエチゼンクラゲが漂流してきて，瀬戸内海の漁民を驚かせた（口絵2-3）。瀬戸内海にエチゼンクラゲがやってきたのは史上初めてのことである。

近年，エチゼンクラゲの大量発生が頻繁に起こるようになった理由としては，中国沿岸海域の環境変化と生態系変化が考えられる。第1に，

図 2-3 定置網に入ったエチゼンクラゲを取り除く漁民
（広島大学生物生産学部・上真一教授提供）

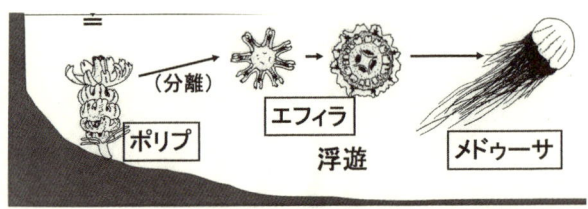

図 2-4 エチゼンクラゲの一生 (Kawahara et al., 2006)。
海底岩盤で付着生活していたクラゲ幼生のポリプは毎年5月初旬エフィラに変態して浮遊生活を始め，6月下旬メドゥーサに変態して小型クラゲとなる。

地球温暖化によって冬季の東シナ海・黄海の水温が上昇したため，海底で付着生活するクラゲのポリプ（図2-4）が増えやすくなったことである。

第2に，過剰漁獲により東シナ海・黄海の魚が減ったために，多くの魚類の餌となる動物プランクトンが余って，それらをクラゲが利用でき

るようになったことである。第3に，陸上における肥料の使用量増加や工場の生産増加，人々の生活水準向上などにより，陸から海に流れ込む窒素やリンの量が増えて，東シナ海・黄海が富栄養化し，同時に珪素が相対的に不足して，珪藻に代わって渦鞭毛藻のような植物プランクトンが増殖しやすくなったことがあげられる。陸上の肥料の三要素と言えば，窒素・リン・カリである。海ではカリは充分に存在しているが，陸上では余っている珪素が不足しがちなので，海の肥料の三要素は窒素・リン・珪素となる。珪素が不足した結果，珪素を必要とする植物プランクトンの珪藻が減少し，代わりに珪素を必要としない渦鞭毛藻が増加した。珪藻は魚の餌となるが，渦鞭毛藻は魚が好まず，クラゲの餌となる。以上のような環境変化の結果，小型の動物プランクトンが増えて，クラゲの餌が増加した。第4に，東シナ海・黄海の沿岸にコンクリートの護岸が増えて，クラゲの幼生であるポリプの付着基盤が増え，クラゲの子孫再生産戦略が有利になった。

このような様々な要因が重なって，近年東シナ海・黄海でエチゼンクラゲの大量発生が頻繁に見られるようになったと考えられている。

私たちの研究室では数値モデルを使って，2003年と2005年でエチゼンクラゲの漂流経路が大きく異なった理由を明らかにした。それによると，両年で東シナ海・黄海上空を吹く風が異なっていて，九州西方の五島灘では7月に毎年発達する循環流が，2003年は発達していたのに，2005年は発達しないで，五島灘から太平洋に抜けるような通過流が発達したため，長江河口域で発生したエチゼンクラゲが太平洋に輸送されたためだとわかった（図2-5）。

このことは将来エチゼンクラゲがまた大量に発生すれば，その影響は日本海のみならず，太平洋側にも及ぶ可能性があることを示唆している。

現在，日本・韓国・中国の研究者が協力して，東シナ海・黄海におけるエチゼンクラゲの詳しい生態や大発生を止める方法などについて共同

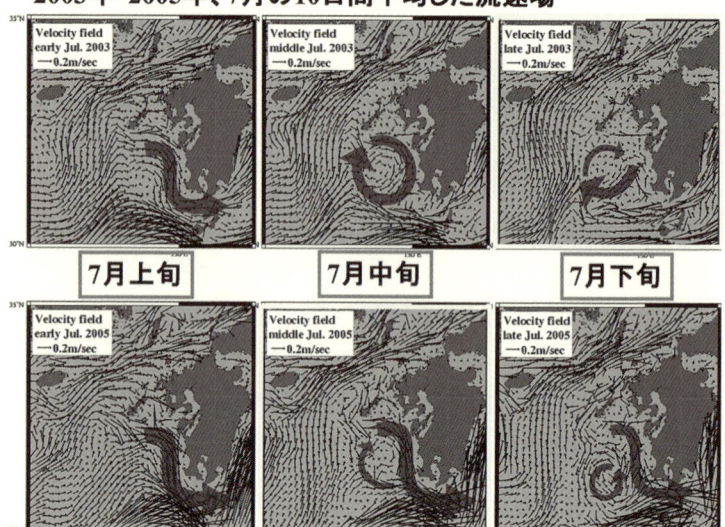

2003年・2005年、7月の10日間平均した流速場

図2-5 五島灘における2003年（上）と2005年（下）の7月の表層海流の違い

研究を始めている。

3. 海ごみ

人間生活に不要となった諸物質は，①陸から風に飛ばされ，②河川を通じ，③船から直接投棄され，海洋に至ると，海ごみとなる。海ごみには，①海面浮遊ごみ，②海岸漂着ごみ，③海底ごみ，の3種類のものがあるが，いずれも海洋中を移動する。

例えば，日本で棄てられ，太平洋に流れ出た海面浮遊ごみは図2-6に示すように，黒潮・黒潮続流によって東方に輸送され，ハワイ北部の高気圧による表層エクマン収束流によって，ハワイ北方海面に収束する

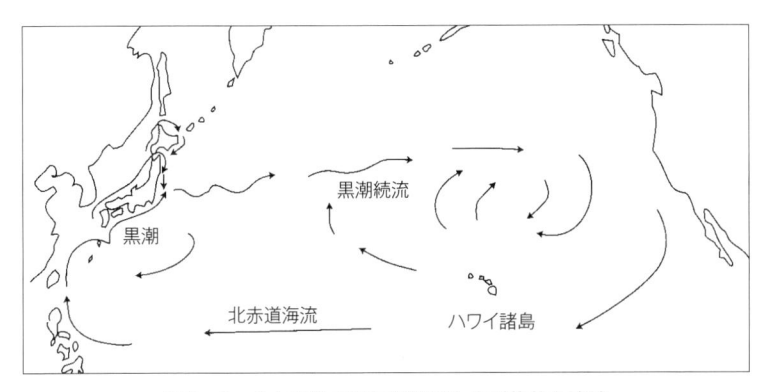

図 2-6 北太平洋の海面浮遊ごみの平均的な流跡

(Kubota, 2004)。海ごみは日本の近海を汚染するばかりでなく，ハワイ近海という，はるか遠方の海域にも悪影響を与えるのである。

海岸漂着ごみも台風や嵐が来て，大きな波により再び海に流れ出すと，海面浮遊ごみとなる。海底に堆積したごみもその場所に居続けるわけではなく，海底流によって，海底を移動している（柳，2009）。

こうして海洋中を移動する海ごみは，ビニール袋を食べたウミガメを窒息させたり，釣り糸にからんで飛べなくなったウミドリを死亡させたり，6個の缶ビールをまとめて運ぶビニールリングに口をふさがれたオットセイを死亡させたりして，海洋生態系に多大な被害を与えていることが報告されている（小島・眞，2007）。さらに，多くの海底堆積ごみは底曳網漁業の大きな障害となっている。また，海岸漂着ごみは海岸の美観を著しく損なう。

海ごみ問題を解決するためには海ごみが発生しないような対策をとることが最も効果的である。なぜなら一旦海洋に出て，海面を浮遊したり，海底を移動したりしている海ごみを回収するには多大な費用と手間が必要となるからである。

しかし，海ごみは先述したように海洋中を移動するから，ある海岸に

図 2-7 長崎県福江島西海岸に漂着した海ごみ。台湾・中国・韓国からのものが多く含まれる（愛媛大学沿岸環境科学研究センター・磯辺篤彦教授提供）。

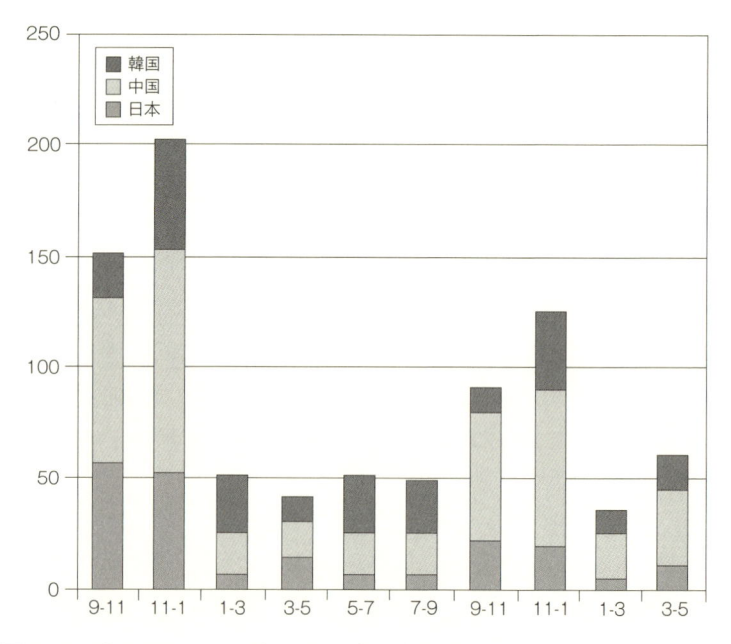

図 2-8 ボトルのキャップから見た福江島西海岸への漂着ごみの季節変化（Kako et al., 2009）

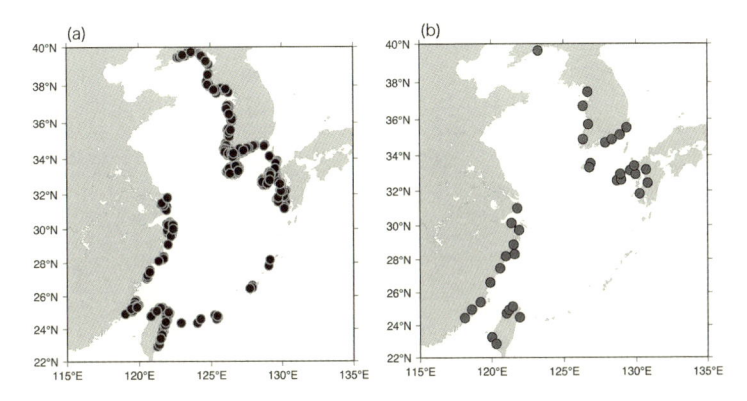

第 2 章　海洋中の越境環境問題　25

図 2-9　数値モデルにより推定された五島列島福江島八朔鼻海岸の漂着ごみの起源(a)と，現場で採取された使い捨てライターの電話番号から推定された漂着ごみの起源(b)（Kako et al., 2009）

漂着した海ごみがどこからやってきたのかを特定できないと，有効な海ごみ発生抑制対策はとれない。

例えば，中国・韓国から放出された海面浮遊ごみの一部は九州西海岸に漂着したり（図 2-7），先述したように日本から放出された海ごみがハワイ北方海域を汚染したりする。このような国境を越える海ごみ問題に対しては，国際的な対策の枠組みが必要となる。

海ごみ問題を解決するための活動の第 1 歩として，市民と科学者が協働した調査活動が 2007～2009 年長崎県福江島西海岸で行われた。市民グループが福江島八朔鼻海岸で定期的に海岸漂着ごみの種類と量を計測し，得られたデータをもとに，海洋学者が数値モデル計算を行って，海岸漂着ごみの起源推定が行われた（Kako et al., 2009）。

例えば，図 2-8 にこの調査により得られた漂着ごみの季節変化を示す。9～1 月の北西季節風時にごみの漂着が増加していることがわかる。

五島列島福江島西岸八朔鼻海岸で採取された起源のわかる使い捨てライター（電話番号でそのライターの国と都市がわかる）の起源が，逆計算と順計算の両方を行って，その結果から海ごみ起源を推定するという

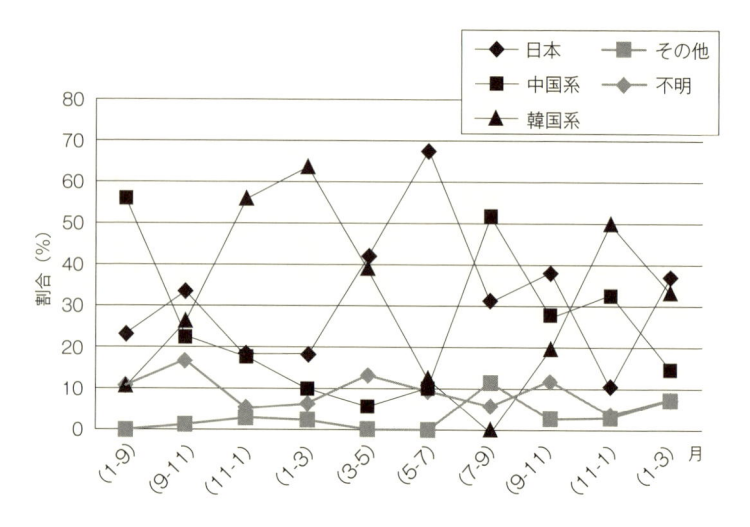

図 2-10 五島列島福江島八朔鼻海岸に漂着する国別ペットボトル量の季節変化 (Isobe et al., 2009b)

新たな数値モデル計算方法（Isobe et al., 2009a）により推定された。その結果は図 2-9 に示す通りで，計算値と観測値はほぼ一致していて，この方法が海岸漂着ごみ起源推定に有効なことを示している。

実際の八朔鼻海岸の海岸漂着ごみの種類と量の割合は図 2-10 に示すように季節変動が大きく，韓国起源のペットボトルは冬季に多くなり（北西季節風のため），日本起源のペットボトルは夏季に多く漂着する（南風により韓国・中国の海ごみが漂着しなくなるため）。

同様な海岸漂着ごみの起源推定は日本海でも行われていて，口絵 2-4（夏季），口絵 2-5（冬季）に示すような結果が得られている（Yoon et al., 2009）。計算結果は図 2-11 に示すように，観測結果と比較されているが，右下のケース B4 が最もよく一致している。これは海岸に面する大都市の人口と河川流域の人口に比例したライターと，対馬海峡から流入するライターの人口を 2000 万人と仮定し，さらに対馬海峡から流

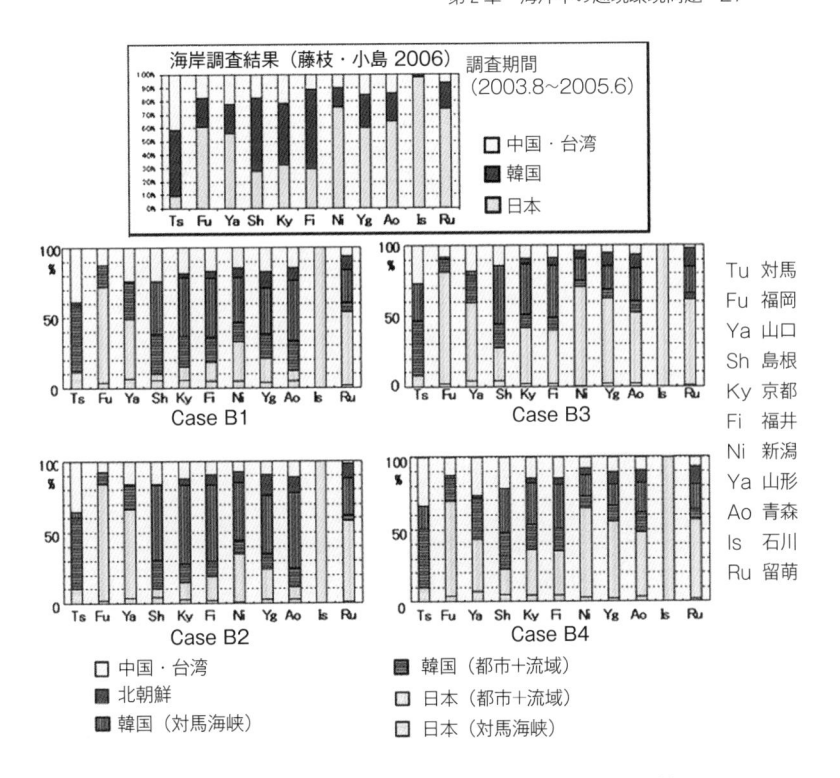

第2章 海洋中の越境環境問題　27

図 2-11 観測結果（藤枝・小島，2006）と計算結果の比較
(Yoon et al., 2009)

入するライターの人口比を，中国・台湾：韓国：日本を41：49：10と仮定して計算したものである。

この計算により，日本海内における海ごみの平均滞留時間は3年以内であること，日本の海岸から流れ出たごみはほとんどが日本沿岸に，一部が韓国沿岸に漂着することがわかった。また中国の海岸から流出したごみはほとんどが日本沿岸に漂着するが，その量は対馬海峡からの距離に逆比例すること，韓国・北朝鮮・ロシアから流出したごみは各国の沿

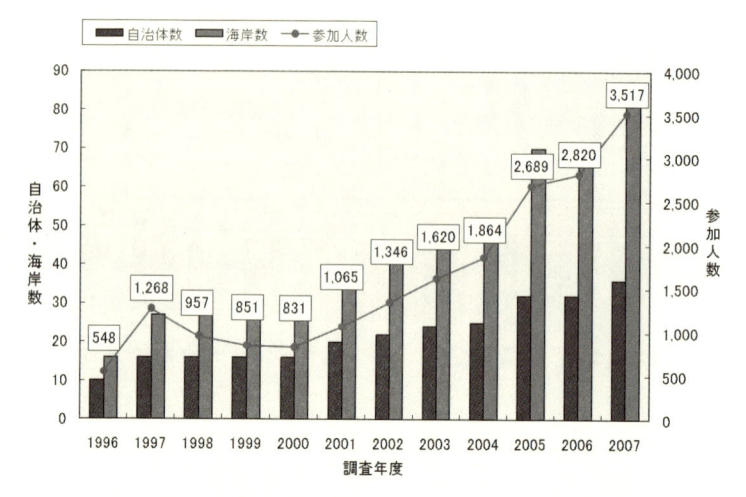

図 2-12 日本海沿岸海ごみ調査参加自治体数・参加人数の推移
（NPEC の HP より）

岸と日本の沿岸に漂着することが明らかになった。

今後，東シナ海と日本海を結合させたモデルで東シナ海・日本海全域の海ごみの挙動を調べる必要がある。

NPEC（Northwest Pacific Region Environmental Cooperation Center：㈶環日本海環境協力センター）では，日本海・黄海における海ごみによる浜辺の汚染実態を把握するため，1996 年度から毎年，「日本海沿岸の海辺の漂着物調査」を実施している。当初，日本の 10 自治体の連携・協力により 16 海岸で始めた調査は，1997 年度には新たに日本の 3 道府県のほか韓国・ロシアの自治体の参加が得られ，日本海沿岸の国際共同調査として実施された。その後も，2002 年度には，新たに日本の九州地域の 3 自治体及び韓国の 1 民間団体が参加し，さらに 2003 年度には，新たに韓国の 1 自治体，中国の 1 自治体が参加するなど，調査範囲は日本海沿岸のみだけでなく黄海沿岸にまで拡大し，2004 年度は日本・中国・

図 2-13 2007 年度の日本海沿岸海ごみ調査実施海岸（NPEC の HP より）

韓国・ロシアの4ヵ国24自治体,48海岸で調査を実施するまでにいたった。これまでの参加自治体数,参加人数,調査海岸数は年々増加している（図2-12, 2-13）。

これらの調査結果は,今後の海洋環境保全対策・廃棄物対策・漁場保全対策の基礎資料となる他,調査への参加を通して沿岸地域の住民が「ごみを捨てない心,海の環境を守ろうとする心を育む」という共通意識を醸成することにも役立つ。

4. 緑　潮

2008年北京オリンピックを目前にした中国青島沿岸海域（オリンピックでヨット競技開催が予定されていた）を大量のアオサが覆い,地元では,このままではヨット競技は不可能と考え,市民のみならず軍隊まで動員して,海面・海岸からアオサの除去作業を行った。

大量のアオサは,基本的には海域のリン・窒素濃度が高くなる富栄養化現象に起因するので,赤潮（red tide）に対応してアオサが緑色なので緑潮（green tide）と呼ばれる。

青島沖で発生した大量のアオサの一部は対馬海峡にも流れ着いた。

中国ではこの緑潮発生以降,中国沿岸海域の富栄養化を防止するために,無リン洗剤の使用が一挙に拡がった。

今後中国ではさらに肥料の使用量増加や人々の生活向上により,窒素やリンの沿岸海域への流出量は増加することが予想される。

口絵2-6は長江からの窒素負荷量が50％増加した場合のクロロフィルa濃度とDIN（Dissolved Inorganic Nitrogen：溶存態無機窒素）濃度分布の季節変動に関する数値生態系モデルの計算結果を示す（Zhao and Guo, 2009）。長江の河川流量が増加し,南風が吹く7～9月には高いDINが対馬海峡を抜け,日本海南西部に及んでいる。このことは中国大陸から東シナ海への窒素・リン負荷量の増加は日本海の低次生態系に

も大きな影響を与えることを示唆している。

　長江からの窒素負荷量の変化に対する，口絵2-7に示したCJ lineに沿ったクロロフィルa，DIN濃度変化を口絵2-8に示す。DIN濃度変化は長江河口域で最も大きいが，クロロフィルa濃度変化は東シナ海大陸棚縁で大きいことがわかる。これは長江河口域ではDINとともに流入する多量の懸濁物質により光が海面下に届かないために，植物プランクトンが増殖できず植物プランクトンは懸濁物質が沈降して，光が海面下まで届く大陸棚中央域 (inner shelf) で増殖可能となるからである。

第 3 章

自然科学者の役割

柳　哲雄

　経済的な発展段階の異なる国々の間で起こる越境環境問題の解決は，被害国が加害国に一方的に問題を指摘し，その解決を要求するだけでは，不可能である。

　例えば，主に中国で発生する窒素酸化物による日本・韓国の光化学スモッグ問題に関しては，日本・韓国がある程度お金を出してでも，中国の工場排煙や自動車排気ガスからの窒素酸化物発生量削減を実行してもらうことが，日本・韓国の利益になる。したがって，各国が出す費用がどの程度なら，各国が得られる利益と釣り合うかを，窒素酸化物排出量とオゾン濃度の関係を正確に予測できる数値モデル計算結果をもとに，費用対効果を計算する経済モデル計算結果を用いて，中国・韓国・日本にとって最適な解決策を提示することは，学問的には可能である。

　しかし，現在は，そのような自然科学・社会科学の学問的な解決策を提示できる社会的・政治的環境が整っていない。今後，地道に草の根交流を積み重ね，そのような提案が政府間協議で取り上げられるようにしなければならない。

　そのためには，少なくとも科学者間，さらに各国国民間で，光化学スモッグ問題に関する正しい科学的認識が共有できるようにする必要がある。

　さらに，エチゼンクラゲやコクロディニウム赤潮に関しては，解決策

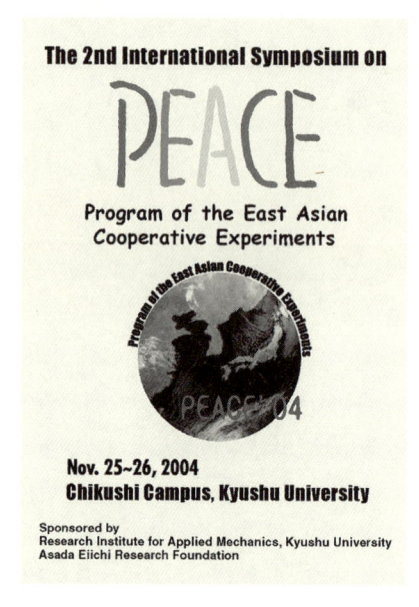

図 3-1 2年ごとに開催されている
PEACE のプロシーディングス

を提示するほどの科学的情報が得られていないので、これから3ヵ国共同で、基礎研究をさらに積み重ねていかなければいけない。

　国境を越える環境問題は、現在の社会状況や科学的事実だけではなく、歴史的な事情も含め、各国の人々が関わってきた、あるいは関わっている全ての事情を考慮し、長い目で見た解決策を提示しないと、実際に問題を解決することはできない。

　もちろん先述したように、現在の環境問題が発生している理由を、科学的知見を集積して最大限明らかにし、関係国の科学者、できれば一般市民同士の間で共通理解を得ることが問題解決の大前提であるが、実際の問題を解決しようと思えば、それに加えて、歴史的な事情まで私たち自然科学者が理解して、それを踏まえ、相手側にきちんと説明し、相手

側の納得を得ることが重要である。

　このような越境環境問題を解決する枠組みの見本として，HELCOM (Helsinki Commission：バルト海環境保護委員会) がある。HELCOMはバルト海の越境環境問題を解決するための政府間機関として，主にヨーロッパ南部の産業活動で発生するイオウ・窒素酸化物が，北欧の森林や湖に酸性雨被害を与えるという越境環境問題の解決を目指して1974年に設立された。各国研究者は5年ごとに集まり，バルト海周辺の大気・海洋環境アセスメントを実施する。各国政府はこのアセスメントに基づき必要な対策を講じている。実際にHELCOMの数値計算結果を元に，ドイツ・フランス・イギリスはイオウ・窒素酸化物の発生量を抑制して，北欧の酸性雨被害を減少させた。

　しかし，HELCOMは一朝一夕にできたものではない。HELCOMの設立に先立ち，バルト海海洋学者会議，バルト海海洋生物学者会議，バルト海連合など多くの民間団体がHELCOMの立ち上がる前から，バルト海周辺の環境をめぐって様々な国際的な活動を行ってきていて，それらが基盤となり，初めてHELCOMの立ち上げは可能となったのである。

　幸い，大気では第1章で紹介したEANETを初めとしていくつかの日・中・韓共同研究が行われているし，海でも第2章で紹介した，赤潮に関する日・韓共同研究，エチゼンクラゲに関する日・中共同研究が進行中である。

　さらに，東シナ海・日本海では，CREAMS (Circulation Research Experiments in the Asian Marginal Seas) やPEACE (Program of the East Asian Cooperative Experiments，図3-1) などの海洋学者による国際的な共同研究の枠組みがある。

　これらの枠組みの様々な活動を基礎として，HELCOMのような環東シナ海環境科学ネットワークを立ち上げる方向で，各国関係者が努力していくことが肝要であろう。

第 4 章

環境資源コモンズ管理の環境経済学

植田和弘

1. はじめに

　東アジアの越境環境問題を解決するにはどうすればよいのだろうか。ここでは，東アジアの大気や海洋をこの地域の環境資源コモンズとして再生するという視点から考えることにしたい。環境資源コモンズの維持・管理を担う制度的枠組みを新たに構築する必要があると考えられるが，そのために欠かせない知見を整理するとともに，環境資源コモンズの管理機構を構築するという問題とその管理に要する費用負担問題に関して初歩的な検討を行うこととする。

　一般に，大気や海洋は，環境であると同時に，資源として利用する対象でもある。そういう意味で，大気や海洋は環境資源（environmental resource）と呼ぶことができる。環境資源とは，鉱物資源のような枯渇性資源とは異なり，再生能力をもつ資源である（Dasgupta, 1982）。環境資源に着目すると，環境汚染問題とは，汚染物質の排出や蓄積に伴って環境資源の持つ再生能力や環境容量が劣化してしまう問題と位置付けることができる。

　その環境資源たる大気や海洋が実際に人間社会とどのような関係を取り結ぶことになるかは，地域によっても時代によっても異なるであろう。本書で問題にしている東アジアにおける大気や海洋は，この地域で国民国家が成立し本格的な工業化が進展するまでは，誰のものでもな

かったし，誰でもアクセス可能な地域の共同資産であった。しかし，「誰のものでもなく，誰でもアクセス可能である」という状態は，今日ではさまざまな環境問題を引き起こす原因にもなったのである。

2. 東アジアの越境環境問題——環境資源コモンズ再生の課題——

(1) 越境環境問題という認識

越境環境問題が解決すべき社会問題であるという認識——それには少なくとも環境問題が政治・社会問題として取り上げられるという要素と汚染物質等の越境が政治・社会問題化するという要素の2つがあるだろう——は，世界的には少なくとも1970年代初頭には生まれていた(OECD, 1974)。その国にとって負になるものが越境してくることが問題であるという意識は早くからあったかもしれない。特に，国民国家成立以降はそれが顕著になったであろう。しばしば「地球は一つだが，世界は一つでない」と言われるように，環境資源としては切れ目なくつながっていた，あるいは流動的であったとしても，国境が設定され国境の内側と外側が明確に区別されるようになるにつれて，越境という意識が強くなってきたのではないか。

しかし，東アジア地域において大気や海洋に関する越境環境問題という認識が生まれたのは，おそらく比較的最近のことであろう。越境という意識についてはおくとして，この地域に本格的に工業化が進むまでは，ある国の発生源から排出される汚染物質が他の国の環境資源に損害を与えたり，環境資源の状態を大きく変化させたりすることはなかったのではないか。もしそうであれば，現実に越境環境問題と呼ばれる現象は近年にいたるまでほぼなかったといってよい。ただし，このことはそれぞれの国・地域で環境破壊が起こっていなかったことを意味するものでないことは言うまでもない。

それがこの地域の経済発展，最初は生産活動の活発化に伴って，最近

では消費活動の拡大にも伴って，いずれも生産や消費の過程で廃棄される排水，排ガス，排熱，廃棄物等が国の境界を越えて影響を及ぼすようになった。本書では，大気に関する越境環境問題としては，黄砂，窒素酸化物，光化学スモッグ，POPs，酸性雨が取り上げられ，海洋に関する越境環境問題としては，赤潮，エチゼンクラゲ，海ごみ，緑潮が取り上げられているが，これ以外にもさまざまな越境環境問題が生じているし，今後も新たな越境環境問題が生じる可能性は十分にある。その影響は現時点においては問題毎でさまざまである。問題によっては緊急にそれに伴う損害を評価し対策を講じなければならないものもあるのではないか。

また，この地域では直接越境環境問題を対象にしたわけではなくても，すでに各国・地域で環境政策が実施されているのであるから，その有効性に関してもあらためて検証してみなければならない（李，2010；森・植田・山本，2008）。というのは，環境政策が進展することで，各経済主体の環境管理システムが整備されるならば，越境環境問題の発生源のコントロールにも効果を発揮することが期待されるからである。また，環境政策が実施されているにもかかわらず，この地域は世界でも最も温室効果ガスの排出量が急増している地域の一つであり，また今後も温室効果ガスの排出量が増加するポテンシャルの大きな地域の一つに数えられているからである。同時に，グローバルやリージョナルな環境汚染に加えて，ローカルやナショナルなレベルでの環境破壊が抑止され，環境資源の維持・保全がなされているかについても注視しなければならない。

(2) 越境環境問題の概要：自然科学的知見の整理

ここでの中心的な焦点は東アジア地域での環境保全の枠組みである。このことを考えるには，まずそれぞれの越境環境問題の発生メカニズムを知り，その影響を評価しなければならない。この点については，本書

ですでに詳しく述べられているので、問題の解決へ向けて制度・政策や管理機構を構想する立場から、まずその概要を要約的に整理しておきたい。大気に関する越境環境問題からみてみよう（第3章まで読んできた読者は直ちに「(3) 環境資源コモンズという視点」にすすんでもらいたい。逆にこの部分についてより詳しく知りたい読者は関連する各章を参照されたい）。

黄砂の発生メカニズムや飛来ルートはかなり解明されている。黄砂の発生は東アジア内陸部の砂漠が乾燥して、強風が吹く春季に多いが、黄砂の発生量やその発生域は、強風の吹く場所や期間に依存して経年変動する。東アジアの大気循環が変化し、東アジア内陸部での砂漠化防止活動がある程度効果を発揮しているので、モンゴル西部での黄砂発生量は、モンゴル東部でのそれより徐々に相対的に小さくなってきており、黄砂の発生件数自体も近年減少気味である。

黄砂はさまざまな影響や被害をもたらす。わかりやすいところでは、窓ガラスや洗濯物を汚し、視界の悪化、遮光障害、作物被害を引き起こすし、呼吸器障害、眼病など健康被害を与えることもある。さらに、黄砂に付着したバクテリアなどが遠方に輸送・降下することで、遠隔地の生態系に影響を与える可能性も最近注目されている。逆に黄砂による大気中のエアロゾル濃度増加は太陽から地上に到達する日射量を減少させ、地球温暖化の速度を遅くすると考えられている。また、植物プランクトンの増殖をうながし海洋の基礎生産力を増加する栄養塩の供給源にもなっている。

窒素酸化物の発生と物質収支・移動についても情報はかなり蓄積されている。中国の自動車や工場などから排出された窒素酸化物が、黄砂と同様、主に偏西風の影響で、韓国や日本に飛来する。海上での観測結果のまとめによると、中国全土から排出される窒素量の約5％が東シナ海の窒素降下量になると推定される。また、東シナ海における大気からの窒素降下量は長江からの窒素供給量の約22％に相当する。さらに、日

本海の新潟沖では大気から降下する窒素により海洋の基礎生産力が，窒素降下がない場合と比較して約5％増加している。

光化学スモッグは，大気汚染がひどかった1970年代に日本の各地で頻発していたが，工場や自動車の排煙・排気ガス対策が進んだため，近年，ほとんど発生することはなかった。ところが突然，2007年5月に北部九州で光化学スモッグが発生し，しかもその原因となった窒素酸化物の多くは中国から輸送されてきたと推定されている。中国における窒素酸化物発生量は近年の急速な工業化やモータリゼーションの進行により急増している。現在，日本・韓国・中国の科学者は協力して，東アジア各地でオゾン濃度の同時観測を行うとともに，共通の数値モデルを使って将来予測を行いつつある。

DDTやPCBのようなPOPsの汚染も深刻である。POPsは発がん性だけでなく，環境ホルモンの働きも示す。しかも自然界では分解されにくく，揮発性が高く，海水への溶解度も高いため，大気中や海洋中を輸送される。その結果，アザラシやイルカなどの海洋中の食物連鎖の高位にある野生動物に蓄積され，彼らの健康に深刻な被害を与えている。重大なことは，すでに被害は甚大だと考えられるにもかかわらず，中国やインドで依然としてDDTが製造されていることである（日本は1971年に製造・使用禁止）。主たる理由は，発展途上国でのマラリア予防や農薬としての使用が継続しているためと考えられている。PCBは多く使われているトランスの放棄と劣化により大気中に拡散している。POPsの自然界における正確な挙動を知るための計算モデルが開発されており，その精度の向上が課題となっている。

酸性雨は，世界的にはドイツのシュバルツバルトなど数多くの森林破壊をもたらしたが，日本では群馬県赤城山や神奈川県丹沢山地の森林立ち枯れが酸性雨の影響だと言われている。森林破壊以外にも，湖沼水や土壌を酸性化し，魚類や植物に被害を与えるし，歴史的建造物など屋外の構造物も影響を受ける。酸性雨は大気中のSOx，NOx，HClに原因

があるが，国立環境研究所の調査では日本で観測される SOx のうち，49％が中国起源，21％が日本起源，13％が火山起源，12％が韓国起源とされている。1990年代以降，中国起源のものが急増した（Nakada and Ueta, 2007）。酸性雨の問題に関しては，すでに中国・韓国・日本共同で，モニタリングのネットワークが形成されている。

海洋に関する越境環境問題についてはどうであろうか。

まず赤潮についてである。2002年以降，コクロディニウム・ポリクリコイデスと呼ばれる植物プランクトンによる赤潮が島根・鳥取・隠岐など貧栄養な山陰海岸東部で発生し，養殖魚や自然の魚介類に被害を与えている。この赤潮は，対馬海峡・日本海の流動をよく再現した3次元流動モデルを使った計算結果から，韓国南部地域から輸送されてきた可能性が高いと考えられている。現在，日本・韓国の研究者が協力して，コクロディニウム赤潮の発生・移動・防除機構に関する共同研究が行われている。

エチゼンクラゲは，過去1920，1958，1995年と約40年ごとに大発生し，日本海に漂流してくることが知られていたが，2002年以降ほぼ毎年大発生し，日本海に大量に押し寄せ始めた。2002年には，日本海の漁業に多大な被害を与えた。また，史上最大の発生規模とされる2005年には，日本海のみならず，瀬戸内海にもエチゼンクラゲが漂流してきたが，瀬戸内海にエチゼンクラゲがやってきたのは史上初めてのことであった。近年，エチゼンクラゲの大量発生が頻繁に起こるようになった理由としては，①地球温暖化によって冬季の東シナ海・黄海の水温が上昇したこと，②過剰漁獲により東シナ海・黄海の魚が減ったために，多くの魚類の餌となる動物プランクトンが余ったこと，③陸から海に流れ込む窒素やリンの量が増えて，東シナ海・黄海が富栄養化し，同時に珪素が相対的に不足したこと，④東シナ海・黄海の沿岸にコンクリートの護岸が増えたこと，などにより，中国沿岸海域の環境変化と生態系変化が複合的に重なったと考えられている。現在，日本・韓国・中

国の研究者が協力して，東シナ海・黄海におけるエチゼンクラゲの詳しい生態や大発生を止める方法などについての共同研究が始まっている。

　海ごみも増加し，やっかいな問題になっている。日本で棄てられ太平洋に流れ出た海面浮遊ごみは，日本の近海を汚染するばかりでなく，はるか遠方のハワイ近海にも悪影響を与えている。海洋中を移動する海ごみは，ビニール袋を食べたウミガメを窒息させるなど海洋生態系に多大な被害を与えている。さらに，多くの海底堆積ごみは底引き網漁業の大きな障害となっているし，海岸漂着ごみは海岸の美観を著しく損なう。海ごみ問題を解決するためにはそもそも海ごみが発生しないようにすることが最も費用効果的だと考えられている。一旦海洋に出て浮遊・移動している海ごみを回収するのに要する費用と手間は膨大だからである。しかし，有効な海ごみ発生抑制策を考えるには，ある海岸に漂着した海ごみの発生地点を特定しなければならない。海岸漂着ごみの起源推定は，数値モデル計算や観測調査を通じて行われている。海岸漂着ごみ起源推定に有効な方法も開発されつつある。五島列島にある八朔鼻海岸の海岸漂着ごみ調査では，韓国起源のペットボトルは冬季に多くなり，日本起源のペットボトルは夏季に多く漂着するという。日本海でも類似の調査が1996年度から始まり，日本・韓国・中国・ロシアの自治体が参加する国際共同調査に発展し，調査海岸数および参加人数は年々増加している。これらの調査は，今後の海洋環境保全対策・廃棄物対策・漁場保全対策の基礎資料となるだけでなく，調査への参加を通して沿岸地域の住民が「ごみを捨てない心，海の環境を守ろうとする心を育む」という共通意識を醸成することにも役立つと考えられている。

　緑潮は，2008年にオリンピックでヨット競技開催が予定されていた中国・青島沿岸海域を大量のアオサが覆い注目された。大量のアオサは，基本的には富栄養化現象に起因し，その一部は対馬海峡にも流れ着いた。この緑潮発生以降中国では，沿岸海域の富栄養化を防止するために，無リン洗剤の使用が一挙に拡がったという。

以上，東アジア地域の大気と海洋に関して越境環境問題の概要をまとめてみると，あらためて，この地域の大気や海洋を，この地域の環境資源コモンズとして再生する必要が明確になる。同時に，そのことを実現することの難しさや課題も浮き彫りになってくる。

(3) 環境資源コモンズという視点

ここで環境資源コモンズとは，地域の共同資産として保全・利用し，利用することから得られる便益と保全するために必要となる費用を関係者がシェアしている環境資源のことであり，環境資源についてのそうした関係，あるいはそうした関係をつくりだしている組織や制度のことでもある。したがって，ここでの環境資源コモンズは，その環境資源が誰によって所有されているかということとは関連しているけれども，厳密には別次元の定義である。本節の最初で述べたように，この地域の大気や海洋は永らく「誰のものでもなく，誰でもアクセス可能である」という状態にあったが，そうした状態のままでは大気環境や海洋環境を維持することはできず，環境資源の劣化は避けられない。

一般に大気や海洋は，東アジアがそうであったように，いわゆるオープン・アクセス状態にある環境資源であることが多い。オープン・アクセスとは，誰でもが自由にアクセスできるということを意味しており，コモンズや共有的資源 (common property resource) とは異なる。ちなみに，G. ハーディン (Hardin, 1968) による「共有地の悲劇」と題する論文はつとに有名であるが，そこで悲劇が生まれる対象になっている環境資源は論文の題名になっているコモンズ（共有地）ではなくオープン・アクセスな環境資源のことである。

オープン・アクセスな環境資源であっても，環境資源に対する需要が小さければ，それほど問題はない。ところが，経済成長に伴って，排水，排ガス，排熱，廃棄物などが大量に発生しその捨て場が必要になってくると，環境資源を捨て場として利用しようとする圧力が高まってく

る。しかし、そうした圧力が環境資源の過剰利用につながり、その劣化をもたらすのには、単に環境資源に対する需要が増加するというだけではなく、それに加えてより根本的な原因がある。環境資源が過剰に利用される最も基本的な理由は、（明確に意識化・制度化されていない場合も含めて）環境資源を利用する権利に適切な対価を支払う必要がなかったからである。言い換えれば、環境資源を適切な水準に維持・管理する制度的枠組み —— 環境資源を利用する権利に対価を支払う仕組みはその一つである —— がないまま、環境資源の利用が許されてきたためである。東アジアの大気や海洋は、まさにそうしたオープン・アクセス状態の環境資源になっていたのである。

したがって、東アジアの大気環境や海洋環境を環境資源コモンズとして再生するには、これまでのオープン・アクセス状態から脱し、環境資源を利用する権利に対価を支払う仕組みをはじめとして、環境資源を適切な水準に維持・管理する制度的枠組みを構築しなければならない。

その際、留意しなければならないことは数多くあるが、主要な点を列挙すると、以下のとおりである。

第1に、本節で要約しただけでも明らかなように、東アジアの大気や海洋の状態を変化させる要因や物質は多様で、一律に論ずることはできないということである。環境蓄積性をもつ物質や不可逆的な影響を及ぼす危険性に留意しなければならないことは言うまでもない。特に、自然科学的知見がどこまで得られているかによって採用される対策の段階も異なるであろう。その物質の挙動や影響についてまったく無知という状態ではなくとも、発生メカニズムが未解明な段階にある場合と定量的に明らかになっている場合では対策のあり様は違うだろう。例えば、エチゼンクラゲやコクロディニウム赤潮に関しては、技術的な意味での解決策を提示するほどの科学的情報が明らかになっていない。この場合には、ただちに政策的対応をとるというよりも、関係各国で共同して基礎的な調査や研究を積み重ねていかなければいけない段階であると考えら

れている。同時に、予防原則という考え方がどこまで適用可能かも考えてみなければならない。予防原則とは、重大な不可避的影響が生じるおそれがある場合には、たとえ科学的因果関係が完全には明確になっていなくても、そのことを費用効果的対策をとらない理由にしてはいけないという原則である。

第2に、自然科学的知見がすでに蓄積し、越境環境問題の発生と影響のメカニズムに関してかなり確かなことがいえる段階にある場合でも、対策のあり方は影響の評価に依存するということである。一般的に言えば、人間活動は環境を変化させずにはおかないわけで、問題はその変化がどう評価されるかという点である。東アジアの越境環境問題についてみれば、その影響評価は一様でないということである。ある「汚染」物質の流入は生態系を変化させることがあり、それは多くの場合負の影響をもたらすけれども、場合によっては当該生態系の生産力を高めることもある。また、対策との関連では、ある物質に対する対策が他の物質の対策にも影響を及ぼすし、影響を及ぼす方向についても常に一方向と決まっているわけではなく、双方向的である場合も考えられる。環境資源コモンズの管理システムを構築するという課題は、これらの知見を総合する解釈規則をもたなければならないという課題を提起するのである。

第3に、これまでオープン・アクセスになっていた環境資源について、環境資源コモンズとしてその再生や維持・管理を図る枠組みの構築が課題になっているのであるが、それはすでに指摘したように、原理的には大気や海洋という環境資源を利用する権利を誰に対してどのように付与し、それに対する対価を支払う仕組みをどう確立するかという問題である。ただし重要なことは、ここで環境資源コモンズと呼んでいるものは、単に現時点で金銭的価値を有する環境資源だけではなく、「地域の共同資産として保全・利用し、利用することから得られる便益と保全するために必要となる費用を関係者がシェアしている環境資源」全般を意味していることを確認しておくことである。

第4に，越境環境問題の発生と影響のメカニズムが明らかになっている場合には，自然科学的知見をベースに環境資源コモンズの維持・管理を担う制度的枠組みに関する議論を容易に始めることができるはずであるが，制度的枠組みを設定することは，環境資源を利用する権利とそれに伴う対価の支払いが生じるため，当該環境資源の利用と保全をめぐる利害関係の対立を招きやすく，そのことが制度的枠組みの構築を難しくする。環境資源コモンズの維持・管理を担う制度的枠組みを新たに構築することは，環境資源コモンズの管理組織を立ち上げることが多く，その場合には，その管理組織の意思決定と財政に関する問題が生じることになる。

第5に，第4の問題と直接関連するが，東アジアの環境資源コモンズに関与する主体はいろいろな次元で多様な主体にならざるを得ないということである。経済の発展段階が異なっていることに留意すべきだということはよく指摘される。さらに，経済の側面だけでなく，政治・社会・文化などさまざまな領域で多様であることにあわせて留意しておかなければならない。

3. 環境資源コモンズの管理問題 —— 費用負担を中心に ——

(1) 環境資源コモンズの管理問題の構図

環境問題が生じている原因は市場の失敗や政府の失敗にあると言われる。しかし，ここでとりあげている東アジアの越境環境問題で念頭に置いている環境資源コモンズの場合には，そもそも市場はまったく存在しておらず，政府の関与もこれまでほとんどなかったということである。環境資源コモンズはオープン・アクセスの状態にあり，越境する汚染や生態系の変化に悩まされていた。現象としてはまさにそうなのだが，それは言いかえればその環境資源コモンズの維持・管理を担う制度的枠組みがなく，その構築を目指す政府間の協力体制が未成熟だったというこ

とである。

　今後越境環境問題を解決するためには，環境資源コモンズの維持・管理を担う制度的枠組みを構築していかなければならないが，そのためには関係する主体間の協力体制が構築されなければならない。この協力体制をいかに構築するかが難問で，しばしばゲーム論的状況にあると指摘される。環境資源コモンズの管理問題をゲーム論的に考える前提として，越境環境問題に伴って発生するリスクを削減する責任は，削減することで便益を得る国々でシェアされなければならないという考え方がある。ここで環境のもっている公共財的性質が問題になる。環境資源が公共財的であるためにいわゆる排除原則を適用することが難しい場合には，環境資源を利用する主体は削減の責任や費用の負担をせずに利用しようとする動機が強く働くからである。責任や費用を負担せずに環境資源を利用しようとする行為をしばしばただ乗り（free-ride）と呼ぶ。環境資源の劣化を防止するためには，このただ乗りを防がなければならない。

　結局，越境環境問題を解決するためには，環境資源のただ乗り的利用を防ぐ管理制度に関する合意が得られなければならないのである。この管理制度のデザインや合意が得られる条件に関して検討すべき課題は多い。ここでは，環境資源コモンズの維持・管理に要する費用を誰が負担するべきかという費用負担問題についてまず検討することにしたい。それはこの問題が，東アジアの環境資源コモンズを利用する権利と管理責任を誰に付与するかという問題と密接不可分であり，環境資源コモンズ管理制度の核心部分であると考えるからである。同時に，前節で検討したように，東アジアの環境資源コモンズの維持・管理問題はさまざまな要因が複雑に絡み合っており，そのすべてを考慮した実際的な提案を行うことは容易ではない。そこでここでは，東アジアの環境資源コモンズ管理の費用負担問題を考える視点を提供するという意味で，地球温暖化防止をはじめとしてさまざまな環境資源コモンズの管理問題を取り上

げ，環境費用の負担問題に関するこれまでの知見を批判的に摂取しつつ，検討しておきたい。

(2) 環境費用とその負担① ── 汚染者負担原則 ──

環境保全は総論的には賛成する人が多いけれども，具体的施策の選択ということになると意見が一致しにくい。そうなる理由の一つは，採用する施策によって負担する費用の額も，ことによると負担者が誰になるかも異なるということにある。例えば地球温暖化防止に要する費用を誰がどれだけ支出すべきかという問題は，国際的にも国内的にも最大の争点になっていると言っても過言ではない。

地球温暖化防止における費用負担はいかにあるべきか。この問いに答えるには経済的側面だけでなく，政治的要素など多くの側面を考慮する必要がある。ここではこの問題を考えていく出発点として，地球温暖化防止にかぎらず，一般に「環境保全のために要する費用は誰が負担するべきか」という問いに対する規範的回答としての負担原則を検討することから始めることにしたい。

環境費用の負担に関して最も基本的な原理とされてきたのは，汚染者負担の原則（Polluter Pays Principle：汚染者支払いの原則とも呼ぶ。以下PPPと略す）である。PPPは，OECDが1972年に「環境政策の国際経済面に関する指導原理」（1972年5月26日）の中で提唱した原則である。その後，「汚染者負担の原則の実施に関する理事会勧告」（1974年11月14日）を経て，国際的にも環境政策における費用負担の原理として普及していった。OECDはその勧告の中で，PPPを次のように説明している。

すなわち，「希少な環境資源の合理的利用を促進し，かつ国際貿易及び投資における歪みを回避するための汚染防止と規制措置に伴う費用の配分について用いられるべき原則が，いわゆる「汚染者負担の原則」である。この原則は，受容可能な状態に環境を保つために公的機関により

定められた上記の措置を実施するのに伴う費用を汚染者が負担すべきであるということを意味する。換言すれば，それらの措置の費用は，その生産ないし消費の過程において汚染を引き起こす財及びサービスのコストに反映されるべきである。これらの措置を講じるに際して，貿易と投資に著しい歪みを引き起こすような補助金を併用してはならない」。

OECD の提唱した PPP は，上記の文章からも明らかなように，またそれがもともと国際貿易に関する委員会で議論されたことからもわかるように，国際貿易上の各国の競争条件を均等化する，すなわち公正な自由競争の枠組みを作るための原則であった。PPP が各国の環境政策の原則として普及していったのは，PPP が費用負担の原則として，人々の社会的公正観に合致したことが大きい。すなわち，環境悪化を引き起こす活動を行った原因者が，その環境悪化に伴う外部不経済の費用を負担するのが公正であり，汚染の原因者に対して仮に環境対策に対してではあっても，税金を使って補助金を与えるのは不公平だというのである。

同時に，OECD の PPP に関する出版物 (OECD, 1975) からもわかるように，実質的に PPP は，ピグー的課税のことと考えられた。すなわち，いわゆる最適汚染水準を実現するための，課徴金政策を中心とする価格メカニズムを利用した政策手段のための原理として解釈されてきた。それゆえ，PPP を適用することが資源配分上も効率的であるとされたのである。

以上が OECD の PPP に関する常識的な説明であるが，日本においては，特にその公害対策の経験の中から，OECD の PPP とは異なる，いわゆる日本的 PPP が生まれた。

すでに述べたように，OECD の PPP は，公正な自由競争の枠組みを作るための国際貿易上の原則として提唱されたのであり，経済学的には外部不経済の内部化，そしてピグー的課税とほぼ同義であった。これに対して日本では公害訴訟や公害対策が進む過程で，公害被害の救済や環

境復元費用にも適用が拡張され、効率性よりも公害対策の正義や衡平の原則として、日本的 PPP が確立していった。OECD の PPP と日本的 PPP とでは、具体的には PPP が対象とする範囲に違いがあるのだが、その背後には PPP をいかなる原則とみるか、という考え方の違いがある。結果的に、日本的 PPP と OECD の PPP とは、同じ PPP という用語が使われていても、政策的にも経済的にもその意義と効果は異なるのである。

PPP の意図する費用負担とその経済的意味を考えるには、まず PPP の訳語問題に関して述べておく必要がある。日本では汚染者負担原則と訳されることが多いが、この訳が PPP の誤った解釈を生みやすいとの指摘もある（天野, 1997）。OECD の PPP は、「汚染者の支払う費用が最終的にその主体の環境費用の全部または一部を反映しているかどうかが問題なのではなく、重要なことは、最初に支払いを行うべき汚染主体の環境費用が、意思決定過程において社会全体として負うべき費用を完全に反映しているかどうか」を問題にしている。つまり、OECD の PPP は、汚染者がまず環境費用を支払うという原則であって、汚染者が最終的に環境費用を負担しなければならないという原則ではないのである。

OECD の PPP は、汚染者が環境費用の第1次負担者として支払うべきことのみを意味しているのであり、環境費用を最終的に誰が支払うかについては何も述べていない。例えば汚染企業が独占企業である場合には、第1次的に支払った環境費用を製品の価格に上乗せして消費者に転嫁するかもしれない。この場合には環境費用の最終的な負担者は消費者ということになる。日本的 PPP の場合には、汚染者が環境費用の第1次負担者になるだけでなく、最終的な負担者にもなるべきであるという含意が込められていたように思われる。汚染者が新たに負担することになった環境費用を最終的に誰が負担するのかという問題を、環境費用の転嫁と帰着の問題という。

以上のことをふまえると，PPPを適用する場合の費用負担をめぐって合意を得にくいのは，誰が第1次負担者になるかということが確定しにくい場合に加えて，環境費用の最終的な負担者が誰になるかという問題も重要だということである。

PPPは環境政策における費用負担の原則としては国際的に認知されたが，個々の環境問題に対するその具体的適用に際しては各国で試行錯誤が続けられてきた。というのも，すでに述べたように，OECDのPPPは，環境政策を具体化する際に必ず問題になる，汚染者とは誰であるか，いかなる費用をいかなる政策手段のもとでどれだけ支払うべきかなどの点については，必ずしも明言していないからである。

PPPの適用についてはいくつかの問題点が指摘されてきた。第1に，PPPの実行可能性についてである。PPPは，汚染者が誰であるかが特定でき，かつ支払わせることができることを前提にしている。ところが，PPPを適用する場合に，そもそもそうした特定が難しかったり，仮に特定できても支払わせることが容易ではない場合がある。まず，排出者を特定できない場合にはどうするかである。よく知られている例は，過去において排出された汚染物質が土壌や地下水に蓄積した結果生じたいわゆるストック公害の浄化費用の負担問題である。1950年頃排出された汚染物質の蓄積が1970年代末に大量に見つかったアメリカでは，問題が発見された時から20年以上前であったこともあって，排出した企業が特定できなかったり，特定できてもすでにその企業が破産していることがしばしばであった（植田，1992）。また，仮に汚染源が特定できても，その排出者に負担能力がない場合も問題である。言い換えれば，PPPは汚染者が環境費用を負担できるだけの能力を有していることを前提にしているともいえる。そして，その前提が常に充たされるとは限らないことに留意しておかなければならない。

第2に，汚染に伴う限界損害費用（汚染物質が追加的に一単位環境中に排出した場合に追加的に生じる損害費用のこと）を正確に測定するこ

とが難しいという問題である。PPP は，汚染者が自らの汚染によって生じる損害を自らの費用として負担する原則である。理論的には明快であるが，その原則を理論どおりに適用しようとすると，汚染に伴う損害費用が定量化できなければならない。しかし，汚染に伴って生じる損害それ自体を量的に把握する（損害費用の推計は損害の定量的把握を前提にしている）ことも，それほど簡単ではないというのが東アジアの越境環境問題の現状である。近年さかんに研究されている地球温暖化問題においても，大きな被害を出したハリケーン・カトリーナは米国において地球温暖化問題への関心を飛躍的に高める契機になったといわれているが，温室効果ガスの増加とハリケーンの大規模化との因果関係について完全に分かっているわけではない。またもし，国土の消失，環境難民の出現，回復不能な生態系被害，など不可逆的で絶対的な損失があるとしたら，それは物的な指標として定量化することができたとしても，貨幣的な金額として損害を評価することはそもそもできないのかもしれない。あえて費用という貨幣タームで言うとすれば，無限大の限界損害費用と言うべきかも知れない。だとすれば，費用という貨幣ターム以外で汚染者が負担すべき水準を規定することも考えられる。持続可能性（sustainability）はそうした水準を表す用語として意味づけることができる。

　第3に，OECD の PPP は，汚染物質の排出に伴う影響が，排出された時点からかなりはなれた時点で生じる，ないしは慢性的な影響があるといった状況は想定していないという問題である。汚染物質の排出が直ちにある損害と直結していることが想定されている。ところが，蓄積性の汚染（POPs や地球温暖化問題）に関しては，現在排出された汚染物質は，将来，たとえば何十年後かに生じる被害に寄与するのである。その影響について予測しようとしても，推計されたとしてもその値はきわめて不確実性が大きいことは否めないであろう。もちろん，ある時点における汚染物質の排出に伴う損害が5年後に生じようが，50年後に生

じようが，その年に生じた損害を現在の価値としていくらになるかを評価できれば，理論的には扱うことができる。しかしこの場合にも，割引率をいくらにするか，という難問があることは周知のとおりである。

　第4に，PPP適用が及ぼす分配問題への影響である。環境費用の負担に関してPPPを適用した場合に，すでに述べたように，環境費用の最終的負担者は市場における転嫁と帰着のメカニズムが作用した結果として決まってくる。この点に関わって，しばしばOECDのPPPは結局消費者負担の原則になってしまう，あるいは負担の逆進的性格があると指摘される（宮本，2007）。誰に第1次的に負担させても最終的には結局消費者が負担するという意味で同じことになるのではないか，といった議論もある。こうした議論を深めるには，環境費用の第1次負担者をPPPに基づいて確定した場合に，どのような環境費用の転嫁と帰着のメカニズムが働くかを正確に理解することが前提になる。環境費用の負担は転嫁の最終的結果すなわち帰着だけでなく，技術革新——その結果他の主体に環境費用を転嫁しなくて良くなる場合は"消転"とよばれる——などダイナミックな意味での各主体の対応にも深くかかわっている。

(3) 環境費用とその負担②

　しかし，環境費用の負担原則は，PPPのみではない。PPPの考え方は，すでに述べたように，公正な自由貿易のための市場条件を確立するという問題関心から発想された。そして，その条件を実現するための環境費用負担はいかにあるべきかを提示したもので，OECDが最初に提唱したのが1972年であることからもわかるように，比較的最近生まれたものである。

　それに対して，もう一つの負担原則といってもよい受益者負担原則の考え方は，課税におけるいわゆる利益説の適用と見なすことができる。その発生は古く，少なくともA. スミスの『国富論』に遡らなければな

らない。利益原則と一口に言っても，その意味するところは提供する対象や使う場面によって異なることもあり，納税や課税における利益原則の適用についても深められるべき点は多い。環境政策に関連する受益者負担原則を，「環境政策の実施に伴って発生する環境改善の便益を享受するものが，政策実施に伴う費用を負担すべきだとする原則」であると定義した場合，利益原則の適用として次の2つの考え方があり得る。

一つは，下水道のような環境保全のためのインフラを整備し，下水道サービスを供給する場合に，そのサービスから得られる利益の代価として受益者から徴収する場合である。この場合，日本では下水道使用料として徴収されているが，世界的にはユーザー・チャージ（user charge：利用者賦課金）と呼ばれることが多い。

もう一つは，環境政策のための公共的事業が一種の外部便益を持ち，そのため公共的事業の結果私的事業に特別の利益が上がる場合，その特別利益の受益者である法人や個人に特別課徴金を課し，受益者の特別利潤を社会に還元させる場合である。森林保全のための間伐事業は直接的には森林の保全に役立つが，それだけではなく，森林の水源涵養機能を回復させ平地の地下水が豊富になるという外部便益をもたらすであろう。そうなることでそこで地下水を使用する事業を活性化させることができるかもしれない。そうした場合に，その地下水を使用する事業を営む事業者に対して間伐事業による特別利益の受益者として特別課徴金を課すことはあり得るであろう。

以上，環境費用負担における汚染者負担原則と受益者負担原則について紹介したが，これ以外にも，環境資源コモンズが公共財的要素をもっていることに着目するならば，租税負担によって環境資源コモンズの維持・管理を図ることも考えることができる。この場合は公共支出によって環境資源の維持・管理を図ることが重要なのであり，その財源調達がどういう原則によるべきかは支出それ自体とは切り離されている。その意味で民間が負担するのではなく公共が負担する，すなわち納税者が共

同で負担（諸富，2002）していることになろう。納税者がどういう原則に基づいて共同で負担することになるかは一概に決められない。

また，越境環境問題に対処する環境資源コモンズの管理組織を考えてみると，この管理組織は国際的な公的組織とみなすことができ，国連などとも類似性をもつといえるかもしれない。その場合には，そうした公的性格をもつ組織が公共性をもつサービスを提供するのに要する費用に関して国民所得水準に比例して負担を求められることが多いと思われ，その場合には応能負担原則が適用されているとみなすことができる。

(4) 環境費用とその負担③ ── 若干の考察 ──

以上，汚染者負担原則，受益者負担原則，納税者共同負担原則等について紹介・検討してきたが，いずれの負担原則も一理あり，それぞれの原則を適用した環境費用負担を考えることができる。実際に，そうした環境費用負担の事例を見いだすこともできる。問題は適用すべき原則を迷う場合が現実に生じることであり，そうした場合にどの原則を適用すべきかを判定する判断基準を明らかにすることであろう。

汚染者負担と受益者負担のどちらの費用負担原則に基づいて環境費用負担を具体化するのかは，明らかな場合も少なくないが，以下に示すように，それほど明確ではない場合も多い。事例をあげて考えてみよう。

ある湖の水質が悪化してきたので，水質改善を図るためにその湖の集水域に住む人々が排出する汚水を高度処理する下水道を整備することになったとしよう。下水道の高度処理という意味は，通常の処理水準──下流域の住民が排出する汚水に対してはこの水準の処理がなされているとする──を超えて浄化するということであり，高度処理を施さなければ，下流域の住民の要求する水道水源の水質は満たせないとする。さらに，高度処理に伴って通常水準の処理よりも多くの追加的な費用がかかるとしよう。集水域に住む人々が汚水を排出していることは確かであるから，汚染者負担原則の観点からは，集水域に住む人々が高度

処理に伴って追加的に必要になる費用を負担するのは当然だとなる。しかし，受益者負担の観点からみれば，高度処理にしたことで下水流における水道水源の水質が改善したならば，その水質改善による受益者は主として下流域の住民である。そうだとすれば，高度処理に伴う費用を，受益者たる下流域の住民が負担するというのも有力な考え方である。

　実は，汚染者負担原則及び受益者負担原則のどちらの原則も適用することは可能である。すなわち，集水域の人々に対して高度処理課徴金を課すことも可能であるし，下流域の住民に対して受益者負担金を課すことも可能であろう。また，高度処理が一般化するならば，公共事業の一つとして実施することも十分考えられることであり，その場合には公共負担すなわち納税者共同負担原則が適用されることになる。

　この場合いずれの原則を適用することも理論的には成立しうるので，現実にどの原則にすべきかについて一般的な結論はない。しかし，このことはどの原則を選択するかについてまったく恣意的に行えばよいということではない。この問題が置かれている状況や関係者の利害対立の構図がどうなっているかを見なくてはならない。いくつか仮説的な想定をおいてこの問題を考えてみよう。

　まず水質に関してどのような権利が誰に認められているかが重要である。高度処理することによって得られるような水質水準を享受する権利を仮に浄水享受権と呼んでおこう。その浄水享受権が下流域の住民に認められており，その住民が要求する水道水源の水質が浄水享受権を具体化した水質であるとする。その場合湖の集水域に住む人々は下流域の住民が有する浄水享受権を侵害しない範囲でしか汚水を排出することはできない。言い換えれば，集水域に住む人々が排出する汚水に対して高度処理を行うことは，下流域住民の浄水享受権を尊重する限り不可欠であり，一種の義務だといってもよい。そうすると高度処理に要する費用は，集水域の住民が負担しなければならない。したがってこの場合，集水域に住む人々に対して高度処理課徴金が課されることになろう。

これに対して，もし湖の集水域に住む人々や下流域の住民には，一定量の汚水を排出する権利すなわち汚水排出権が平等に設定されているとしよう。この場合は湖の集水域に住む人々は通常の処理で十分なのであって高度処理をする必然性はない。高度処理が必要になるのは，下流域の住民からの要望に基づくものである。湖の集水域の人々は，自らの汚水排出権を制約する高度処理を行うことによって，下流域の住民に対して特別の便益を与えているとみることができる。このように考えると，下流域住民に受益者負担を課すことが妥当だということになろう。

　同様の構図は，森林保全のための間伐事業とそのことによって涵養された水源がつくりだす便益との関係についても認めることができよう。日本において林業が商業的に成立していた時代は，間伐事業も林業活動の一環としてその枠内で行われており，それに伴い水源も自然のメカニズムとして涵養されていた。ところが，安価な外材の輸入などに伴って国内において林業経営が成立しにくくなるのに伴い，森林所有者も間伐を行わないようになった。そうして森林が放置されるにつれ，水源涵養機能も脆弱なものになってきたのである。こうした減少は日本の各地にみられるもので，森林保全のための事業を行う費用の一部を調達する目的で森林環境税が導入されている。この場合に考えられる環境税は，森林所有者が従来実施していた間伐事業が行われなくなったことが原因で，水源が涵養されなくなったという点に着目すれば，水源枯渇の原因者としての森林所有者に課徴金を課すことが考えられる。これに対して間伐事業が実施されることによって水源涵養機能が回復し，そのことによって発生する便益を誰が受益するかという点に着目するならば，水利用者から受益者負担を徴収することも可能であろう。

　すでに明らかなように，この場合においてもいずれの環境費用負担原則を適用することも可能である。そして，いずれの負担原則が適用されるべきかは，一般化していえば，環境と開発に関する権利がいかに設定されているかに依存しているのである。これはいわゆるコースの定理が

提起した問題そのものである（Coase, 1960；植田, 1996）。ここで例示したのは水と森林であったが，他の環境資源についても同様の考え方を適用できるケースは少なくない。

　要するに，環境費用の負担原則について，どんな環境問題に対してもいつでも通用する原則があるわけではない。それぞれの環境資源や環境問題の性格を理解した上で，その問題に適した原則，あるいはその組み合わせを考えなければならないし，新しい原則をつくらなければならない場合もあるかもしれない。その意味で，環境資源コモンズ管理の費用負担システムは，環境資源コモンズの管理にかかわる関係者の協議に委ねられるのであり，管理のあり方に関する社会的・政治的意思決定に依存するのである。

4. 東アジアの越境環境問題への示唆 ── おわりに代えて ──

　前節で検討した環境資源コモンズに関連する環境費用の負担原則を踏まえると，東アジアの越境環境問題に関して何がいえるだろうか。どの負担原則も適用可能な問題や局面があると言えたが，その具体化に向けて何が為されなければならないだろうか。そして，東アジアの環境資源コモンズの維持・管理を担う組織や制度がいかにあるべきか。

　環境費用の負担原則に合意する前提として，越境環境問題の発生メカニズムや影響の評価に関する共通の認識ができる必要がある。その際さまざまな環境変化が複合して生じており，ローカルな環境変化，リージョナルな環境変化，そしてグローバルな環境変化が東アジアの環境資源に重なり合って現れていることに留意しなければならない。こうした問題に対する科学者間での科学的知見の共有化にまず取り組むべきだろう。最終的には国家間で地域環境保全のために協力して推進する組織を設立する必要がでてくるであろうが，そうした取り決めを行うためにも科学的データを提供する機構がなければならない。本書ですでに指摘さ

れているような，バルト海域保全においてバルト海海洋学者会議やバルト海海洋生物学者会議が果たした例や，また北西ヨーロッパの酸性雨問題で国際応用システム研究所の RAINS という大気輸送モデルが果たした役割に鑑み，東アジア地域でも同様の取組みや機構づくりをボトム・アップで進めていく必要があろう。さらに，この地域における地球温暖化に伴う影響を分析・評価し，被害を防ぐための処方箋や温室効果ガスの削減策を考える東アジア IPCC（International Panel on Climate Change：気候変動に関する政府間パネル，2007 年ノーベル平和賞受賞）の設立も考えられてよい。問題はこうした問題毎で積み重ねられた知見を集約し，東アジアの環境資源コモンズに関する情報を系統的に発信していくことであり，それを担う組織が考えられねばならない。

　要するに，環境問題に対処するための協力体制を構築するには，問題認識の共有化がなくてはならない。経済の発展段階が異なる下で環境問題に関する共通認識は，そのための知的共通基盤が形成されることなくしては得られない。東アジアの環境共同体づくりは現実の課題になり始めている（寺西，2006）し，それは東アジアの知的共同体づくりでもあるということである。

あとがき

　本書では，東アジアの大気と海洋における越境環境問題の実態を明らかにし，それを解決するための提案を自然科学と環境経済学の立場から示した。

　くしくも，自然科学からのまとめを行った第3章と，環境経済学からのまとめを行った第4章の結論は，ほぼ同様な内容となっている。

　東アジアにおける越境環境問題を解決するためには，まず越境環境問題現象の科学的解明を進め，その結論を関係各国の科学者と国民が共有し，越境環境問題を解決するのに必要な管理組織をどう構築するか，そのための費用負担をどうするかについて合意するための共同体設立が必要とされるというものである。

　幸い，2009年の政権交代により誕生した日本の新政権は，東アジア共同体設立を長期の政策目標のひとつとして掲げている。韓国・中国で，この提案を積極的に否定する動きは見られない。

　今回のシンポジウムは2007年韓国・ソウル，2008年中国・青島で行ったシンポジウムに続く3回目のものである。回を重ねるごとに，日本・韓国・中国の研究者の東アジアにおける越境環境問題に関する相互理解が確実に進んでいることを実感できた。

　日本の政権交代による東アジア共同体設立への動きを追い風にして，関係各国の自然科学者・環境経済学者はさらに研究と相互理解を進め，我々の共有資源である東アジアの大気海洋環境の資源価値を取り戻すため，越境環境問題の解決に向けて努力を続けなければならない。

2010年3月　　　　　　　　　　　　　　　　　　　　柳　哲雄

参考文献

自然科学系

Duce, R. A., J. RaRoche, K. Altieri, K. R. Arigo, A. R. Baker, D. G. Capone, S. Cornell, F. Dentener, J. Galloway, R. S. Ganeshram, R. J. Geider, T. Jickells, M. M. Kuypers, R. Langlois, P. S. Liss, S. M. Liu, J. J. Middelburg, C. M. Moore, S. Nickovic, A. Oschlies, T. Pedersen, J. Prospero, R. Schlitzer, S. Seitzinger, L. L. Sprensen, M. Uematsu, O. Ulloa, M. Voss, B. Ward and L. Zamora (2008) Impacts of atmosphereric anthropogenic nitrogen on the open sea. Science, 320, 893-897.

藤枝　繁・小島あずさ（2006）東アジア圏域における海岸漂着ゴミの流出起源の推定．沿岸域学会誌，18(4)，pp. 15-22．

Gao, H., H. Yan, T. Zhang, J. Shi and J. Qi (2009) Asina-dust transport in the air into the Yellow Sea. Proceedings of the International workshop "Transboundary Environmental Problems in the East Asia", 5-8.

Guo, X., J. Ono, D. Takahashi, S. Takahashi and H.Takeoka (2009) Transport of atmospheric Persistent Organic Pollutants (POPs) in the East China Sea. Proceedings of the International workshop "Transboundary Environmental Problems in the East Asia", 21-24.

Isobe, A., S. Kako, P. H. Chang and T. Mastuno (2009a) Two-way particle tracking model for specifying sources of drifting objects : application to the East China Sea shelf. J. Atmospheric and Oceanic Technology, 26, 1672-1682.

Isobe, A. and collaborators (2009b) East China Sea marine-litter prediction experiment conducted by citizens and researchers. Proceedings of the International workshop "Transboundary Environmental Problems in the East Asia", 33-36.

Kako, S., A. Isobe, S. Seino and A. Kojima (2009) Inverse estimation of drifting-object outflows using actual observation data. (submitted to J. Oceanogr.)

Kawahara, M., S. Uye, K. Ohtsu and H. Iizumi (2006) Unusual population explosion of the giant jellyfish *Nemopilema nomurai (Syphozoa : Rhizostomeae)* in East Asian waters. Mar. Ecol. Prog. Ser., 307, 161-173.

小島あずさ・眞 淳平（2007）『海ゴミ：拡大する地球環境汚染』中公新書.

Nagai, S., G. Nishitani, S. Sakamoto, T. Sugaya, C. K. Lee, C. H. Kim, S. Itakura and M. Yamaguchi (2009) Genetic structuring and transfer of marine dinoflagellate *Cochlodinium polykrikoides* in Japanese and Korean coastal waters revealed by microsatellites. Mol. Eol., 18, 2337-2352.

NOWPAP CEARAC (2005) Integrated Report on Harmful Algal Blooms (HABs) for the NOWPAP Region.

Onitsuka, G., I. Uno, T.Yanagi and J. H. Yoon (2009a) Modeling the effects of atmospheric nitrogen input on biological production in the Japan Sea. J. Oceanogr., 65, 433-438.

Onitsuka, G., K. Miyahara, N. Hirose, S. Watanabe, H. Semura, R. Hori, T. Nishikawa and M. Yamaguchi (2009b) Large-scale transport of *Cochlodinium polykrikoides* blooms by the Tsushima Warm Current in the southwestern Sea of Japan. (to be submitted).

Park, S. U., A. Choe and M. S. Park (2009) Estimates of Asian dust deposition over Asian region. Proceedings of the International workshop "Transboundary Environmental Problems in the East Asia", 9-14.

Qian, Z. A., Cai, Y., Liu, J. T., Li, D. L., Liu, Z. M. and Song, M. H. (2004) Some advances in dust storm researches in Northern China. Journal of Arid Land Resources and Environment 18, 1-8 (in Chinese).

Song, M. H., Qian, Z. A., Cai, Y., and Liu, C. M. (2007) Analysis of spring mean circulations for strong and weak dust-storm activity years in China-Mongolian area. Acta Meteorologica Sinaca 65, 94-104 (in Chinese).

田辺信介（1998）『環境ホルモン —— 何が問題なのか ——』岩波ブックレット No. 456.

Uematsu, M. (2009) Material transport in the marine atmosphere over the east China Sea. Proceedings of the International workshop "Transboundary Environemntal Problems in the East Asia", 15-19.

Uno, I, K. Eguchi, K. Yumimoto, T. Takemura, A. Shimizu, M. Uematsu, Z. Liu, Z. Wang, Y. Hara and N. Sugimoto (2009) Asian dust transported one full circuit around the globe, Nature Geoscience, Vol. 2, No. 8, DOI: 10. 1038/NGEO0583, 2009.

柳　哲雄（2009）瀬戸内海における海面浮遊ごみ・海底堆積ごみの挙動特性．瀬戸内海，56，4-7.

Yoon, J.-H., S. Kawano and S. Igawa (2009) Modeling of marine litter drift and beaching in the Japan Sea. Marine Pollution Bulletin, accepted on Sept. 28, 2009.

Zhang, K. and H. W. Gao (2007) The characteristics of Asian-dust storms during 2000-2002: From the source to the sea. Atmospheric Environment 41, 9136-9145.

Zhao, L. and X. Guo (2009) The influence of the Changjiang on the low-trophic ecosystem in the East China Sea. Proceedings of the International workshop "Transboundary Environmental Problems in the East Asia", 25-28.

社会科学系

天野明弘（1997）『地球温暖化の経済学』日本経済新聞社．

Coase, R. (1960) "The Problem of Social Cost", Journal of Law and Economics, Vol. 3, pp. 1-44, reprinted in Coase, R. (1988), The Firm, the Market, and the Law, The University of Chicago Press, pp. 95-156.（富沢健一・後藤　晃・藤垣芳文訳（1992）『企業・市場・法』東洋経済新報社に訳出。）

Dasgupta, P. (1982) Control of Resources, Cambridge University Press.

Hardin, G. (1968) "The Tragedy of the Commons", Science, No. 162, pp. 1292-1297.（京都生命倫理研究会訳（1993）『環境の倫理』下，晃洋書房に訳出。）

宮本憲一（2007）『環境経済学　新版』岩波書店。

森　晶寿・植田和弘・山本裕美編著（2008）『中国の環境政策　現状分析・定量評価・対中円借款』京都大学学術出版会。

諸富　徹（2002）「環境保全と費用負担」石　弘光・寺西俊一編『環境保全と公共政策』岩波書店，pp. 123-150.

Nakada, M. and K. Ueta (2007) Sulphur Emission Control in China: Domestic Policy and Regional Cooperative Strategy, Energy and Environment, Vol. 18, No. 2, pp. 195-206.

OECD (1974) Problems in Transfrontier Pollution, Paris.

OECD (1975) The Polluter Pays Principle, Paris.

李　秀澈編（2010）『東アジアの環境賦課金制度』昭和堂。

寺西俊一監修・東アジア環境情報発伝所編（2006）『環境共同体としての日中韓』集英社新書。

植田和弘（1992）『廃棄物とリサイクルの経済学』有斐閣。

植田和弘・岡　敏弘・新澤秀則編著（1997）『環境政策の経済学』日本評論社。

執筆者略歴

柳　哲雄　(やなぎ・てつお)

九州大学応用力学研究所教授・所長。理学博士。1948 年生まれ。京都大学理学部卒業。1974 年, 愛媛大学工学部海洋科学科助手。同大学講師, 助教授, 教授を経て, 1997 年, 九州大学応用力学研究所教授。2008 年より現職。著書:『沿岸海洋学』(2001 年, 恒星社厚生閣),『里海論』(2006 年, 恒星社厚生閣) など。

植田和弘　(うえた・かずひろ)

京都大学大学院経済学研究科教授, 同地球環境学堂教授 (両任)。工学博士, 経済学博士。1952 年生まれ。京都大学工学部卒業。大阪大学大学院博士課程修了。1994 年, 京都大学経済学部教授, 2004 年より現職。著書:『環境ガバナンス叢書　全 8 巻』(編集代表, 2009～2010 年, ミネルヴァ書房),『環境経済学　第二版』(近刊, 岩波書店) など。

東アジア地域連携シリーズ3
東アジアの越境環境問題
環境共同体の形成をめざして

2010年4月25日　初版発行

著　者　柳　哲雄・植田和弘
発行者　五十川直行
発行所　（財）九州大学出版会
〒812-0053　福岡市東区箱崎7-1-146　九州大学構内
電話　092-641-0515（直通）
振替　01710-6-3677
印刷・製本　大同印刷㈱

Ⓒ 2010 Printed in Japan
ISBN978-4-7985-0020-1

九大アジア叢書（①〜⑤巻まではKUARO叢書）

① アジアの英知と自然 —— 薬草に魅せられて ——
正山征洋

② 中国大陸の火山・地熱・温泉 —— フィールド調査から見た自然の一断面 ——
江原幸雄 編著

③ アジアの農業近代化を考える —— 東南アジアと南アジアの事例から ——
辻　雅男

④ 中国現代文学と九州 —— 異国・青春・戦争 ——
岩佐昌暲 編著

⑤ 村の暮らしと砒素汚染 —— バングラデシュの農村から ——
谷　正和

⑥ スペイン市民戦争とアジア —— 遥かなる自由と理想のために ——
石川捷治・中村尚樹

⑦ 昆虫たちのアジア —— 多様性・進化・人との関わり ——
緒方一夫・矢田　脩・多田内修・高木正見 編著

⑧ 国際保健政策からみた中国 —— 政策実施の現場から ——
大谷順子

⑨ 中国のエネルギー構造と課題 —— 石炭に依存する経済成長 ——
楊　慶敏・三輪宗弘

⑩ グローバル経営の新潮流とアジア —— 新しいビジネス戦略の創造 ——
永池克明

⑪ モノから見た海域アジア史 —— モンゴル〜宋元時代のアジアと日本の交流 ——
四日市康博 編著

⑫ 香港の都市再開発と保全 —— 市民によるアイデンティティとホームの再構築 ——
福島綾子

⑬ アジアと向きあう —— 研究協力見聞録 ——
柳　哲雄 編著

⑭ 変容する中国の労働法 —— 「世界の工場」のワークルール ——
山下　昇・龔　敏 編著

新書判・平均200頁・本体価格1,000円（①⑧1,200円，④1,300円）